U0256742

智能光电信息处理与传输技术丛书 ‖‖‖

钙钛矿太阳能电池
界面调控及功能层优化

■ 苏鹏羽 冉 杜 李亚东 著

中国科学技术大学出版社

内 容 简 介

本书系统地介绍了钙钛矿太阳能电池(PSC)的研究与发展,从钙钛矿材料的制备出发,逐步深入到功能层和电池的制备及表征、界面调控及功能层优化策略。研究了界面工程及添加剂工程在界面调控及功能层优化中的作用:首先,利用 TiO_2 纳米方块和 NaCl 调控电子传输层和钙钛矿层的能级,以提高太阳能电池的光电转换效率(PCE);其次,阐述了无甲胺钙钛矿太阳能电池以及无甲胺 Dion-Jacobson 型准二维钙钛矿太阳能电池的制备,并通过界面工程或添加剂工程调控晶体取向以及钝化缺陷,进而提高电池的光电转换效率和稳定性;最后,探讨了 TiO_2 均相杂化结构在改善电池光伏性能方面的潜力。

本书适合钙钛矿太阳能电池制备和应用领域的科研工作者及工程技术人员阅读参考。

图书在版编目(CIP)数据

钙钛矿太阳能电池界面调控及功能层优化 / 苏鹏羽,冉杜,李亚东著. -- 合肥 : 中国科学技术大学出版社,2024.12. -- ISBN 978-7-312-06083-0

Ⅰ. TM914.4

中国国家版本馆 CIP 数据核字第 2024VG4419 号

钙钛矿太阳能电池界面调控及功能层优化

GAI-TAIKUANG TAIYANGNENG DIANCHI JIEMIAN TIAOKONG JI GONGNENGCENG YOUHUA

出版	中国科学技术大学出版社
	安徽省合肥市金寨路 96 号,230026
	http://press.ustc.edu.cn
	https://zgkxjsdxcbs.tmall.com
印刷	安徽省瑞隆印务有限公司
发行	中国科学技术大学出版社
开本	710 mm×1000 mm　1/16
印张	10
字数	199 千
版次	2024 年 12 月第 1 版
印次	2024 年 12 月第 1 次印刷
定价	56.00 元

前　　言

在探索可持续发展能源的道路上,太阳能电池作为一个极具前景的领域,一直是科研和工业界关注的热点。其中钙钛矿太阳能电池由于其卓越的光电转换效率和成本效益,成为近年来太阳能电池领域的一个重要研究方向。它不仅开启了高效能源转换的新篇章,也向我们展示了未来清洁能源技术的无限可能。

本书旨在为读者提供一个全面且深入的视角,探讨钙钛矿太阳能电池中界面调控和功能层优化的最新进展。书中系统地介绍了钙钛矿材料的基础属性、钙钛矿太阳能电池的结构和工艺原理以及影响电池性能的关键因素。

界面调控作为提高电池稳定性与光电转换效率的关键手段,对钙钛矿太阳能电池的发展具有决定性的影响。本书详细讨论了界面层的设计、制备及其与活性层的相互作用,进而深入剖析如何通过界面工程来改善电池性能。同时,功能层优化也是实现高光电转换效率钙钛矿太阳能电池的重要策略。因此,本书也探讨了如何通过选择合适的材料和调整制备工艺来改善钙钛矿光吸收层、载流子传输层等的功能,以实现电池整体性能的提升。此外,本书还介绍了钙钛矿太阳能电池的稳定性挑战以及市场应用前景,旨在为读者提供一个多角度、多维度了解和思考钙钛矿太阳能电池发展的平台。

希望本书能够激发更多科研工作者和工程技术人员对钙钛矿太阳能电池的兴趣,促进该领域技术的交流与发展。同时,也期望能为解决全球能源危机、推动绿色能源发展以及应对气候变化贡献一份力量。

　　本书适合钙钛矿太阳能电池制备和应用领域的科研工作者及工程技术人员阅读参考。由于撰写时间较长且时有间断，书中难免存在错误之处，敬请读者批评指正。本书的出版得到了以下基金项目的资助：国家自然科学基金（批准号：12104068），重庆市教委科学技术研究项目（批准号：KJQN202201449），重庆市自然科学基金项目（批准号：CSTB2023NSCQ-LZX0100 和 CSTB2023NSCQ-MSX0362），重庆市本科高校与中国科学院所属研究所合作项目（批准号：HZ2021014），重庆市科技创新与应用发展重点项目（批准号：CSTB2022TIAD-KPX0196），重庆市人才创新创业团队项目（批准号：CQYC202203091274）。在此表示衷心的感谢。

著　者

2024 年 7 月

目　　录

第 1 章　绪　　论

20 世纪 70 年代,石油危机的暴发推动各国认识到改善能源结构的紧迫性。太阳能由于具有清洁、无噪声、无地域限制和可再生等众多优点,成为替代传统能源的极佳选择。太阳能的转换方式主要有光热转换、光化学转换以及光伏转换。太阳能光热转换的典型例子是太阳能热水器,其吸收太阳光的热量,使水分子热运动增加,从而提高水的温度。太阳能光化学转换的代表是绿色植物的光合作用,通过叶绿体吸收光能,合成碳水化合物,实现生化反应。太阳能光伏转换的经典代表是太阳能电池,其中半导体材料作为光吸收层,受到太阳光照射后,电子跃迁产生光电流和光电压,从而驱动负载。太阳能光伏设备因具有安全可靠、建站周期短、无人值守等一系列优势而备受关注。

为推动环境保护和能源可持续发展,各国政府纷纷制定了多种政策来支持和鼓励太阳能光伏发电技术的发展。在 20 世纪 90 年代,通过规模化生产,太阳能光伏产业逐渐壮大。随着太阳能光伏组件成本的大幅下降和政府政策的大力支持,光伏市场蓬勃发展。与此同时,太阳能电池的光电转化效率也不断提高,使得太阳能光伏的商业化应用切实可行。进入 21 世纪后,太阳能光伏技术得到了更普遍的应用。太阳能光伏发电项目在全球范围内得到了迅速推广和建设,并成为能源领域的重要组成部分。太阳能光伏的商业化程度逐步提高,其不仅在大型电站中广泛运用,而且在家庭和工业生产等领域也有了更多的应用。太阳能光伏的快速发展使能源行业产生了巨大的变化,不仅减少了人们对化石能源的依赖,而且有助于应对气候变化和环境污染等全球性问题。此外,太阳能光伏还促进了经济增长,创造了就业机会,推动了社会的可持续发展。

太阳能电池按其发展历程可以分为三代。第一代是基于晶体硅的太阳能电池,其优点是制作工艺简单,缺点是成本高、硅原材料的消耗量大等,而且硅太阳能电池的光电转换效率已经接近理论上的极限值,因此其进一步发展的空间有限。第二代是基于化合物的太阳能电池,这类电池对可见光的吸收能力比硅太阳能电池强很多,而且可以用廉价玻璃、柔性塑料、不锈钢薄片作为其基底材料,大大降低了制作成本,但是它的光电转换效率较低,而且原材料稀有。第三代是光电化学太阳能电池,这类电池存在光吸收范围窄的缺点。根据其中的染料敏化太阳能电池

(DSSC)衍生出来的钙钛矿太阳能电池是一种新型的太阳能电池,这种太阳能电池具有制备成本低、光吸收范围宽、光电转换效率高等优点,因此引起了很多科研人员的关注。2013年,美国《科学》(Science)杂志评选出的十大科技突破中的其中一项就是钙钛矿太阳能电池,这是一种有望进一步降低光伏成本的新型电池。

1.1　钙钛矿材料

1839年,俄罗斯的一位矿物学家第一次在乌拉尔山的变质岩中发现了钙钛矿;1958年,MØller在铯铅卤化物($CsPbX_3$)中观察到第一种基于卤化物的钙钛矿结构。[1]目前,已有数百种此类型的材料,从导体到绝缘体,范围极为广泛。在这些材料中,研究者们发现钙钛矿半导体材料具有很好的光伏特性:光学带隙可调、光吸收范围宽[2]、载流子迁移率高且寿命长[3]、载流子扩散长度长[4]、激子束缚能小[5]等。因此,各种各样的钙钛矿半导体材料被用在太阳能电池[6]、发光二极管(LED)[7]、传感器[8]、光电探测器[9]、激光[10]中。钙钛矿材料的结构通式为ABX_3,在有机-无机杂化的钙钛矿半导体材料中,A通常为$CH_3NH_3^+$、$CH(NH_2)_2^+$、Cs^+、Rb^+等阳离子或混合阳离子,B一般为Pb^{2+}、Sn^{2+},X为I^-、Br^-、Cl^-或混合阴离子。[11]

1.1.1　钙钛矿材料的结构

表1.1是几种常见钙钛矿材料。从表中可以看出,在温度变化的过程中,钙钛矿会发生相变。这里以本书中所用的四方相钙钛矿材料$CH_3NH_3PbI_3$(MAPbI$_3$)为例,用VESTA软件画出了它的结构示意图,如图1.1所示。

表 1.1　几种常见钙钛矿材料

钙钛矿	相	相变温度(K)	晶体结构	空间群	晶　格　参　数(Å)			体积($Å^3$)
MAPbI$_3$	α	400	四方	$P4mm$	$a = 6.3115$	$b = 6.3115$	$c = 6.3161$	251.6
	β	293	四方	$I4cm$	$a = 8.849$	$b = 8.849$	$c = 12.642$	990
	γ	162~172	正交	$Pna2_1$	$a = 5.637$	$b = 5.628$	$c = 11.182$	959.6

续表

钙钛矿	相	相变温度(K)	晶体结构	空间群	晶 格 参 数(Å)			体积(Å³)
MAPbCl₃	α	>178.8	立方	$Pm3m$	$a=5.675$			182.2
	β	172.9~178.8	四方	$P4/mmm$	$a=5.655$		$c=5.630$	180.1
	γ	<172.9	正交	$P222_1$	$a=5.673$	$b=5.628$	$c=11.182$	375
MAPbBr₃	α	>236.9	立方	$Pm3m$	$a=5.901$			206.3
	β	155.1~236.9	四方	$I4/mcm$	$a=8.322$		$c=11.838$	819.4
	γ	149.5~155.1	四方	$P4/mmm$	$a=5.8942$		$c=5.8612$	
	δ	<144.5	正交	$Pna2_1$	$a=7.979$	$b=8.580$	$c=5.8612$	811.1
MASnI₃	α	293	四方	$P4mm$	$a=6.2302$	$b=8.580$	$c=6.2316$	241.88
	β	200	四方	$I4cm$	$a=8.7577$	$b=8.7577$	$c=12.429$	953.2
FAPbI₃	α	293	三角	$P3m1$	$a=8.9817$	$b=8.8917$	$c=11.006$	768.9
	β	150	三角	$P3$	$a=17.791$	$b=17.791$	$c=10.091$	2988.4
FASnI₃	α	340	正交	$Amm2$	$a=6.3286$	$b=8.9554$	$c=8.9463$	507.03
	β	180	正交	$Imm2$	$a=12,512$	$b=12.512$	$c=12.509$	1959.2

1 Å = 10^{-10} m。

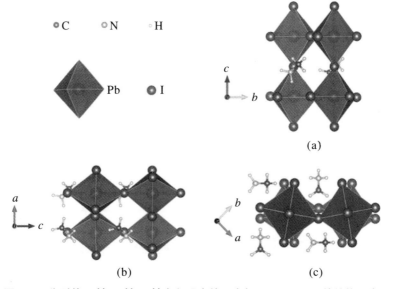

图 1.1 分别从 a 轴、b 轴、c 轴方向观察的四方相 $CH_3NH_3PbI_3$ 的结构示意图

1.1.2 钙钛矿材料的制备

1. 单晶钙钛矿

单晶钙钛矿具有缺陷态密度低、载流子扩散长度长等优点,研究者们通常在溶液中生长大尺寸的单晶。[12] 与多晶钙钛矿膜相比,单晶钙钛矿膜具备载流子的迁移率高且扩散长度长、晶体中的缺陷密度低且晶体寿命长的优点。当前,单晶钙钛矿已经被用在钙钛矿太阳能电池、光电探测器及激光中。

2. 钙钛矿膜的制备

目前,钙钛矿太阳能电池中的光吸收层大多是多晶钙钛矿膜。人们已经探索出多种制备钙钛矿膜的方法,下面介绍常用的几种:

(1) 旋涂法。该方法在制备钙钛矿膜中应用较多,分为一步旋涂法和两步旋涂法两种,如图 1.2(a)所示。一步旋涂法是将钙钛矿的反应前驱物如碘化铅(PbI_2)、碘甲胺(CH_3NH_3I)等一起溶入 N,N-二甲基乙酰胺(DMA)、N,N-二甲基甲酰胺(DMF)、二甲基亚砜(DMSO)等溶剂中制成前驱液,然后将前驱液旋涂到基底上。两步旋涂法是将反应前驱物 PbI_2 以及 CH_3NH_3I 分别溶入不同的溶剂中,然后将两种反应前驱液依次旋涂到基底上。

在用一步旋涂法时,为了制备出高质量的钙钛矿膜,常用反溶剂来辅助结晶。

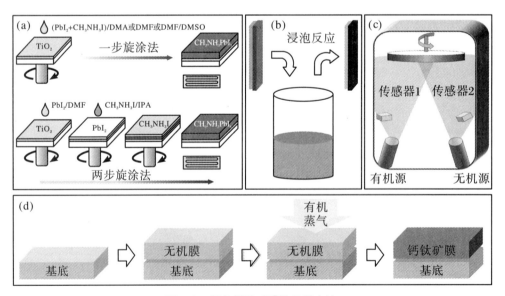

图 1.2 制备钙钛矿膜的几种方法

(a) 一步旋涂法以及两步旋涂法;(b) 浸泡法;(c) 气相沉积法;(d) 蒸气辅助法

反溶剂的一般用法如下:在前驱液的旋涂过程中,将反溶剂滴加在基底上。用该方法制备的钙钛矿膜在基底上具有较好的表面覆盖率,且具有纯净和稳定的晶相,相应电池的光伏性能更高。[13]目前,在实验过程中用到的反溶剂有氯苯、异丙醇、甲苯等。[14]

(2) 浸泡法。如图 1.2(b)所示,该方法分为两步:先将 PbI_2 沉积到基底上,然后将有 PbI_2 膜的基底浸入含有 CH_3NH_3I 的溶液中,溶液中的 CH_3NH_3I 与已沉积到基底上的 PbI_2 膜反应,形成钙钛矿膜。[15]

(3) 气相沉积法。图 1.2(c)为气相沉积装置的示意图。该方法是分别将钙钛矿的有机和无机前驱物作为蒸发源,用双源共蒸的方法将两种成分同时蒸发到基底上,形成钙钛矿膜。

(4) 蒸气辅助法。如图 1.2(d)所示,该方法是先将无机膜(如 PbI_2 膜)沉积在基底上,然后用含有有机成分(如 CH_3NH_3I)的蒸气处理基底,基底上的无机成分和蒸气中的有机成分反应,形成钙钛矿膜。

1.2　钙钛矿太阳能电池

1.2.1　钙钛矿太阳能电池的发展

钙钛矿太阳能电池是一种以钙钛矿半导体材料为光吸收层的太阳能电池,这种类型电池的光电转换效率(PCE)在近十五年中从 3.8% 提升到了 26.1%。2009年,Miyasaka 所在的课题小组在染料敏化太阳能电池中将有机-无机杂化的钙钛矿材料 $CH_3NH_3PbBr_3$($MAPbBr_3$)和 $CH_3NH_3PbI_3$($MAPbI_3$)作为敏化剂,实现了 3.8% 的 PCE。[2]2011 年,Park 等人将 $MAPbI_3$ 纳米颗粒作为量子点应用在电池中,取得了 6.5% 的 PCE。[16]但是钙钛矿材料存在易溶解于液态电解液的弊端,导致制备出的电池稳定性很差。2012 年,Grätzel 及 Park 等人将钙钛矿半导体材料和空穴传输材料 Spiro-OMeTAD 结合应用在钙钛矿太阳能电池中,制备出了 PCE 大于 9% 的固态钙钛矿太阳能电池。[17]同年,Snaith 课题小组制备的全固态钙钛矿太阳能电池的PCE 达到了 10.9%。[18]2013 年,在几乎同一时间里,Grätzel 团队和 Snaith 团队均实现了约 15% 的 PCE。[19]2014 年,Park 等人报道了 $HC(CH_2)PbI_3$($FAPbI_3$)的合成方法,用这种钙钛矿材料制备的电池的 PCE 达到了 16%。[20]2015 年,Seok 课题小组将混合型杂化钙钛矿材料$(FAPbI_3)_{0.85}(MAPbBr_3)_{0.15}$作为光吸收层制备的钙钛矿太阳能电池取得了超过 18% 的 PCE。[21]同年,该课题组通过调整成分和改善 $FAPbI_3$

膜的质量,获得了高达 20.1% 的 PCE。[22]目前,钙钛矿太阳能电池的 PCE 已经超过了 25%,完全可以与传统的硅太阳能电池相媲美。[23]

1.2.2　钙钛矿太阳能电池的分类

钙钛矿太阳能电池按照结构的不同可以分为两大类:平面钙钛矿太阳能电池和介孔钙钛矿太阳能电池。平面钙钛矿太阳能电池又可以分为两类,其中的一类由于光生电子和空穴的传输方向与常规平面钙钛矿太阳能电池相反而被称为倒置平面钙钛矿太阳能电池。

(1) 平面钙钛矿太阳能电池。平面钙钛矿太阳能电池因具有制备简单、成本低、可包含多个异质结等特点而受到广泛关注。图 1.3(a)是常规平面钙钛矿太阳能电池(P-PSC)的结构示意图,其结构从下至上依次为透明导电层/电子传输层(ETL)/钙钛矿光吸收层/空穴传输层(HTL)/金属电极。常规平面钙钛矿太阳能电池中的透明导电层通常为 FTO(SnO_2:F)、ITO(SnO_2:In)、柔性材料;电子传输层为 TiO_2、SnO_2、ZnO 等金属氧化物;钙钛矿光吸收层为各种钙钛矿半导体材料;空穴传输层为 2,2′,7,7′-四[N,N-二(4-甲氧基苯基)氨基]-9,9′-螺二芴(Spiro-OMeTAD)、聚三苯胺(PTAA)等;金属电极为 Au、Ag。

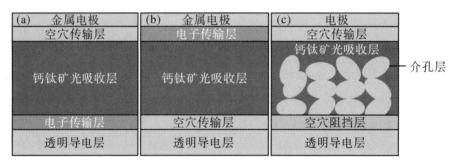

图 1.3　钙钛矿太阳能电池的结构示意图
(a) 常规平面钙钛矿太阳能电池;(b) 倒置平面钙钛矿太阳能电池;(c) 介孔钙钛矿太阳能电池

倒置平面钙钛矿太阳能电池如图 1.3(b)所示。其结构从下至上依次为透明导电层/空穴传输层/钙钛矿光吸收层/电子传输层/金属电极。在倒置平面钙钛矿太阳能电池中,透明导电层通常为 FTO、ITO、柔性材料;空穴传输层一般用聚(3,4-乙烯二氧噻吩)-聚(苯乙烯磺酸)(PEDOT:PSS)、NiO_x;钙钛矿光吸收层为各种钙钛矿半导体材料;电子传输层通常为[6,6]-苯基-C61-丁酸甲酯(PCBM);而金属电极为 Au、Al、Ag。

(2) 介孔钙钛矿太阳能电池。图 1.3(c)是介孔钙钛矿太阳能电池的结构示意图,这类电池的结构从下至上通常为透明导电层/空穴阻挡层/介孔层/钙钛矿光吸收层/空穴传输层/电极。介孔钙钛矿太阳能电池的透明导电层常用 FTO(SnO_2:

F)透明导电玻璃;空穴阻挡层通常为一层致密的 TiO₂;介孔层为 TiO₂、ZrO₂、Al₂O₃ 等金属氧化物;钙钛矿光吸收层为各种钙钛矿半导体材料;空穴传输层一般为 Spiro-OMeTAD;电极常用 C,也可用金属电极 Au 或 Ag。[24]

1.3　太阳能电池的参数

太阳能电池的伏安特性曲线表征电流(I)以及电压(V)之间的函数关系。表征的条件如下:大气质量 AM 1.5,光照强度为 $100\ mW/cm^2$($1\ kW/m^2$),环境温度为 $25\ ℃$。由于太阳能电池的电流与其面积(A)成正比,因此通常用电流密度(J)代替电流来描述太阳能电池的伏安特性。电流密度的计算方法为

$$J = \frac{I}{A} \tag{1.1}$$

太阳能电池的用途是将太阳能转化成电能,功率密度(P)常用来衡量电能的大小:

$$P = JV \tag{1.2}$$

图 1.4 是太阳能电池的光电流密度-光电压[①](J-V)曲线,P_m 为太阳能电池的最大功率,是最佳工作电流密度(J_m)和最佳工作电压(V_m)的乘积。

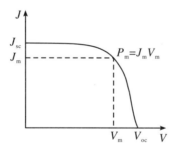

图 1.4　太阳能电池的 J-V 曲线

如图 1.5 所示,普通电池是电压源,太阳能电池是电流源。当太阳能电池开路,即其负载电阻趋近于无穷大时,负载上面的电流密度 J 则会趋近于 0,这个时候的电压就称为电池的开路电压(V_{oc}),该值为太阳能电池的伏安特性曲线(J-V 曲线)在电压轴(横轴)上的截距。而当太阳能电池短路时,其负载电阻趋近于 0,负载上面的电压 V 则会趋近于 0,这个时候的电流密度就称为短路电流密度(J_{sc}),该值为太阳能电池的伏安特性曲线在电流密度轴(纵轴)上的截距。

---

① 光电流密度是指光照条件下的电流密度,光电压指光照条件下的电压。

太阳能电池的填充因子定义为

$$FF = \frac{P_m}{J_{sc}V_{oc}} = \frac{J_m V_m}{J_{sc}V_{oc}} \tag{1.3}$$

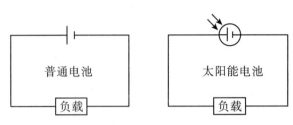

图 1.5　普通电池和太阳能电池的对比

太阳能电池的光电转换效率 PCE 为最大功率 P_m 和太阳辐照度 P_s 之间的比值：

$$PCE = \frac{P_m}{P_s} = \frac{J_m V_m}{P_s} \tag{1.4}$$

太阳能电池的光电转换效率 PCE 与相应的短路电流密度 J_{sc}、开路电压 V_{oc} 以及填充因子 FF 之间的关系可表示为

$$PCE = \frac{J_{sc}V_{oc}FF}{P_s} \tag{1.5}$$

光电转换效率、短路电流密度、开路电压、填充因子是描述太阳能电池光伏性能的四个非常重要的参数。

对钙钛矿太阳能电池而言，除以上四个重要参数外，研究者们还经常用量子效率、迟滞效应、稳定性等因素衡量电池的性能。

1.4　半导体的能带

两个相同原子结合成分子时，两个相同原子能级就会形成两个分子能级，其中的一个分子能级比之前的原子能级略低，另一个分子能级比之前的原子能级略高。在很多原子结合成分子时，由于原子核间相互作用的变化以及电子云的重新排布，原本的原子能级会被重新调整。这种调整导致每个原子原本的一个能级会分裂成多个能级，这些新的能级称为分子能级。这一系列分子能级非常接近，形成能带。在半导体当中，各个能带会分开，能带之间形成带隙。有电子占据的能带，称为价带，价带当中的电子称为价电子；比价带能量更高的能带，称为导带。在半导体当中，价带被充满，导带及价带间有较宽的带隙。光辐射后，能量大于或等于带隙的光子可以使价电子从价带跃迁到导带。表 1.2 列出了一些常见钙钛矿材料的

带隙。

表 1.2 一些常见的钙钛矿材料的带隙

材 料	E_g(eV)
$HN=CHNH_3SnI_3$	1.20
$HC(NH_2)_2SnI_3$	1.41
$HN=CHNH_3PbI_3$	1.52
$HC(NH_2)_2PbI_3$	1.48
$CsSnI_3$	1.30
$CsPbI_3$	1.67
$CH_3NH_3PbI_3$	1.51
$CH_3NH_3Sn_{0.3}Pb_{0.7}I_3$	1.31
$CH_3NH_3Sn_{0.5}Pb_{0.5}I_3$	1.28
$CH_3NH_3Sn_{0.7}Pb_{0.3}I_3$	1.23
$CH_3NH_3Sn_{0.9}Pb_{0.1}I_3$	1.18
$CH_3NH_3SnI_3$	1.10

1.5 电池中载流子的产生和复合

载流子是太阳能电池吸收入射光子后产生的。具有一定带隙的半导体材料可以吸收太阳光,并产生电子空穴对。导带电子以及价带空穴的运动运载电流,电子和空穴合称为载流子。载流子的产生需要大于或等于半导体带隙的能量,需要的量子能量较大,入射的光子若能够提供足够的能量来激发电子从价带跃迁到导带,则产生载流子。载流子复合指的是电子跃迁到较低的能级后,释放能量,使得半导体失去自由电子和空穴的现象。

载流子的复合比载流子的产生更复杂,这是因为复合可以发射能量比较大的光子。太阳能电池中常见的载流子复合类型有辐射复合、俄歇复合、表面复合、晶界复合。辐射复合以及俄歇复合是由能带结构引起的,在本征半导体和缺陷半导体当中都存在,是不可避免的。辐射复合包括自发辐射和受激辐射。在太阳能电池中,被激发至导带的电子不多,价带几乎充满,导带几乎空缺,且自发辐射要比受激辐射重要得多。俄歇复合与半导体中的缺陷程度没有关系,是不可避免的。在俄歇复合的过程中,一个导带电子弛豫至价带,和一个价带空穴复合,释放出的能量被另一个导带电子或者价带空穴吸收并且增加其动能。虽然俄歇复合释放的能量比较大,但无辐射,因此俄歇复合属于非辐射复合。若半导体材料的带隙很小,且载流子浓度很高,则载流子间的作用会很强,俄歇复合现象明显。表面复合和晶界复合是发生在膜上或者膜内的陷阱复合。表面复合和晶界复合在理想本征半导体当中不存在,只存在于缺陷半导体中,是可以避免或减少的。俄歇复合、表面复合以及晶界复合均属于非辐射复合。

载流子的产生和复合使得载流子的浓度 n、p 均发生变化,且 n、p 满足下列式中的连续性方程:

$$\frac{\partial n}{\partial t} = \frac{1}{q} \nabla J_n + G_n - U_n \tag{1.6}$$

$$\frac{\partial p}{\partial t} = -\frac{1}{q} \nabla J_p + G_p - U_p \tag{1.7}$$

式中,G_n 和 G_p 分别为电子的产生率和空穴的产生率,代表单位时间、单位体积内产生的电子数量以及空穴数量,电子产生率 G_n 以及空穴产生率 G_p 合称为产生率;U_n 和 U_p 分别为电子复合率和空穴复合率,是在单位时间、单位体积内复合的电子数量以及空穴数量,电子复合率 U_n 和空穴复合率 U_p 合称为复合率。

载流子浓度 n、p 会进一步影响半导体内部的电场。对于线性各向同性的均匀半导体介质,其电势 φ 满足以下泊松方程:

$$\nabla \varphi = \frac{q}{\varepsilon_s} (-\rho_{\text{fixed}} + n - p) \tag{1.8}$$

式中,ε_s 为半导体的介电常数,ρ_{fixed} 为固定电荷密度。

第 2 章　材料的合成

2.1　实　验　仪　器

本实验中的主要仪器设备如表 2.1 所示。

表 2.1　实验中的主要仪器设备

仪器设备名称	型　号	生　产　厂　家
超声波清洗器	KQ-300	江苏昆山市超声仪器有限公司
精密电子天平	PL-203	Mettler-Toledo Group
磁力搅拌器	JJ-1	常州市国华仪器厂
电热真空干燥箱	ZKFO35	上海实验仪器厂有限公司
马弗炉	SK-4-12	上海意丰电炉有限公司
电热蒸馏水器	HS Z11	上海跃进医疗器械厂
高温电热恒温干燥箱	GW202V	上海实验仪器厂有限公司
电热真空干燥箱	ZK-82B	上海实验仪器厂有限公司
匀胶机	KW-4A	鑫有研企业集团有限公司
加热板	DB-XAB	邦西仪器科技有限公司
移液枪	20~200 μL、200~1000 μL	大龙医疗设备有限公司
电热数控恒温水浴锅	DF-101S	常州普天仪器制造公司
真空镀膜机	ZF-350	沈阳智诚真空技术有限公司

2.2　材料的合成

1. CH_3NH_3I 的合成

取 12.45 mL 甲胺醇并放入圆底烧瓶中,将 16 mL HI 缓慢滴入正在搅拌的甲胺醇溶液中,在密封、黑暗的条件下冰浴 12 h。然后将反应产物放在 60 ℃ 的加热板上干燥,直至完全形成白色的粉末。干燥结束后,将白色粉末溶于乙醚中,搅拌 30 min,洗涤、过滤得到 CH_3NH_3I,重复该过程 3 次。洗涤结束后,将 CH_3NH_3I 放入电热真空干燥箱中,在 60 ℃ 下干燥 12 h。最后取出 CH_3NH_3I 粉末,将其密封并放入干燥器中。

2. PbI_2 的合成

取 331 mg $Pb(NO_3)_2$ 和 332 mg KI,分别溶于两个装有 20 mL 去离子水的烧杯中,分别搅拌 30 min,然后将两者混合。搅拌 30 min 后,静置一段时间,将上层清液倒掉,把生成的 PbI_2 沉淀放进离心管中并加入去离子水进行离心,离心结束后将离心管里的水倒掉,重复该离心过程 7 次。离心结束后将 PbI_2 粉末放入恒温干燥箱中,在 100 ℃ 下保持 24 h,烘干后将 PbI_2 粉末密封并放入干燥器中。实验中使用的化学试剂如表 2.2 所示。

表 2.2　实验中使用的化学试剂

试 剂 名 称	化学分子式	规 格	生 产 厂 家
导电玻璃	—	~7 Ω/sq	日本 NSG 公司
锌粉	Zn	分析纯	山东西亚化学股份有限公司
盐酸	HCl	≥35%	北京化工厂
去离子水	H_2O	~18 MΩ·cm	自制
丙酮	CH_3COCH_3	分析纯	天津市光复精细化工研究所
异丙醇	$(CH_3)_2CHOH$	分析纯	天津市富宇精细化工有限公司
无水乙醇	CH_3CH_2OH	分析纯	天津市光复精细化工研究所
高纯氮气	N_2	高纯	长春特种气体有限公司
冰乙酸(HAc)	CH_3COOH	分析纯	天津市富宇精细化工有限公司
钛酸四丁酯(TBT)	$Ti(OC_4H_9)_4$	分析纯	天津市光复精细化工研究所
氟钛酸铵	$H_8F_6N_2Ti$	化学纯,98%	阿拉丁

试 剂 名 称	化学分子式	规 格	生 产 厂 家
四氯化钛	$TiCl_4$	分析纯	国药集团化学试剂有限公司
甲胺溶液	CH_5N	30%～33%（质量分数）	阿拉丁
氢碘酸	HI	分析纯，≥47%	阿拉丁
碘化钾	KI	99.99%	阿拉丁
硝酸铅	$Pb(NO_3)_2$	优级纯	山东西亚化学股份有限公司
2,2′,7,7′-四[N,N-二(4-甲氧基苯基)氨基]-9,9′-螺二芴	$C_{81}H_{68}N_4O_8$	≥99%	深圳市飞鸣科技有限公司
双三氟甲烷磺酰亚胺锂	$C_2F_6LiNO_4S_2$	98%	北京百灵威科技有限公司
4-叔丁基吡啶	$C_9H_{13}N$	96%	阿拉丁
乙腈	C_2H_3N	分析纯	天津市彪仕奇科技发展有限公司
氯苯	C_6H_5Cl	分析纯	阿拉丁
N,N-二甲基甲酰胺（DMF）	C_3H_7NO	ASC 光谱级	阿拉丁
二甲基亚砜（DMSO）	C_2H_6SO	光谱级，＞99.9%	阿拉丁
乙醚	$C_4H_{10}O$	分析纯	上海沪试化工有限公司

2.3　样品表征

2.3.1　X射线衍射

X射线衍射（XRD）是研究晶体结构常用的方法，可以为我们提供材料结构等多方面信息。它的基本原理是X射线与晶体结构中的原子相互作用产生的衍射现象。当入射X射线与晶体中的原子相互作用时，形成特定的衍射图，通过数学分析可知道晶体结构的信息。

XRD主要应用于定性分析，以确定样品中存在的物相。在定性物相分析中，通常将实验得到的XRD图谱与参考数据库中的标准图谱进行比对，从而确定样品的晶体结构，如立方体、正交体和单斜体等。

X射线衍射技术还可提供晶体结构的详细信息，例如晶格常数、晶胞体积和原子位置等。这些信息对于深入了解材料的物理和化学性质、改善材料性能和扩展材料的应用具有重要意义。因此,XRD 广泛应用于多个领域,包括物理学、材料科学、地质学、化学工程和生物学等。在材料科学中,XRD 可用于薄膜、纳米粉体材料等的分析。

若无特别说明,则本书中的 XRD 结果由 JSM-6700F 型 X 射线衍射仪测试得到(管电流和管电压分别为 30 mA 和 40 kV),该仪器由日本理学公司生产。我们通过该技术分析样品的组分以及晶体结构。

2.3.2　扫描电子显微镜

扫描电子显微镜(SEM)通过二次电子等信号的成像,实现对被测样品表面形貌的观察。作为一种基于电子束而非光子的高分辨率显微镜,其工作原理涉及多个关键步骤。首先,SEM 使用电子枪产生高能电子束。该电子束经透镜系统调焦后形成高度聚焦的电子束。接下来,电子束通过电磁场可调控的扫描线圈,可在样品表面形成精确的扫描矩阵。为确保更好地接收电子束,导电不良或非导电样品通常需要导电性涂层。当电子束照射样品表面时,探测系统捕获产生的二次电子和后向散射电子。这些信号通过图像处理,包括放大、增强等,最终生成高分辨率的三维图像,展示样品的微观结构和表面形貌。

扫描电子显微镜广泛应用于各个领域。在材料科学中,SEM 为揭示金属、陶瓷、聚合物等材料的微观结构和表面形貌提供关键支持,对于深入理解材料性质、分析缺陷以及设计和优化新材料至关重要。在生命科学领域,SEM 用于观察生物样品的微观结构,提供了高分辨率图像,是生物学家研究细胞、组织、微生物的形态学和结构学的有力工具。在纳米技术研究中,SEM 对观察和分析纳米结构至关重要,为纳米科学的发展提供了重要的视觉支持。地质学家借助 SEM 研究岩石和土壤样品的微观结构,以了解它们的成分、形成过程和地质演化。在电子制造中,SEM 可用于观察电子元件的结构和检测制造过程中产生的缺陷,为电子工业提供了检测的工具,以便于控制质量和优化设计。此外,SEM 在环境科学领域的应用涵盖了大气颗粒物、水质分析和土壤微观结构研究等方面,为科学家深入了解环境样品的微观特征提供了支持,促进了环境保护和监测的发展。

若无特别说明,则本书中所用的 SEM 仪器为 Magellan 400,通过该仪器来观测膜和电池的微观形貌,样品的 EDS 谱图也由该仪器测得。

2.3.3　透射电子显微镜

透射电子显微镜(TEM)是一种先进的显微技术,能够用来观察光学显微镜无法分辨的样品微观结构,尤其是那些尺度小于 $0.2\ \mu m$ 的细微结构。为了突破光学显微镜分辨率的限制,透射电子显微镜采用较短波长的电子束作为光源,从而提高了显微镜的分辨率。

在透射电子显微镜中,电子束取代了传统的光线,且其波长远短于紫外光和可见光。值得注意的是,电子束的波长与加速电压的平方根成反比,即加速电压越高,电子束的波长就越短,从而可以进一步提高分辨率。这种特性使得 TEM 能够用来深入观察并分析样品的微观结构。

电子束穿透待观察的样品后,经过物镜成像于中间镜上。由于电子的穿透能力相对较弱,透射电子显微镜通常需要采用几百千伏的加速电压,以获得高能量的电子束。而且,为了确保测试有效,样品的厚度要控制在微纳米量级。这需要采用磨制、离子减薄、超薄切片等制样方法,以确保电子束能够穿透样品并产生清晰的显微图像。

透射电子显微镜在科学研究和工业生产中具有广泛的应用。它不仅可用于材料科学领域,还在生物学、医学和纳米技术等领域发挥着关键作用。透射电子显微镜具有高分辨率,因此成为探索微观世界的强大工具。

若无特别说明,则本书中所使用的透射电子显微镜的型号为 JEM-2100F(日本 JEOL 公司),在测试样品过程中用的加速电压为 200 kV。

2.3.4 X 射线光电子能谱

X 射线光电子能谱(XPS)是一种常见的表面分析技术,其能够分析除了氢(H)和氦(He)之外的元素。XPS 具有出色的定性标识能力,这得益于相邻元素同种能级的 XPS 谱线之间距离较远、相互之间干扰较少的特性。XPS 能够准确、可靠地鉴定样品中存在的元素。

XPS 不仅能用于元素的定性分析,还能够提供元素的化学位移信息。这种化学位移信息对于深入分析原子结构和化学键至关重要。通过观测 XPS 谱线的位移,可以揭示样品中元素的不同化学环境,为理解物质的化学性质提供有力支持。

值得注意的是,XPS 在对被测材料进行分析时,破坏性非常小。这一特性使得 XPS 成为一种非常有价值的表面分析技术,能够在不损害样品的情况下获取准确的元素信息。

XPS 在科学研究和工业生产中发挥着重要作用,广泛用于材料科学、表面化学、纳米技术等领域,为研究材料性质、表面反应等提供了有力的手段。XPS 高度精密的分析能力使其成为现代材料科学中不可或缺的分析工具。

若无特别说明,则本书中的 XPS 测试采用的光电子能谱仪的型号为

ESCALAB-250，该仪器由 Thermo-VG Scientific 公司生产。

2.3.5　紫外可见吸收光谱

紫外可见（UV-vis）吸收光谱是一种用来研究物质对紫外光（200～400 nm）和可见光（400～700 nm）的吸收行为的实验技术。UV-vis 吸收光谱通常是分析被测样品对特定波长光的吸收程度。通过绘制光吸收强度与波长之间的关系图，可以得到吸收光谱图。

UV-vis 吸收光谱在化学、生物学、材料科学等领域得到了广泛应用。一些常见的应用包括：① 分子结构和电子能级研究，通过观察吸收峰的位置和形状，可以推断分子的结构和电子能级分布；② 浓度测定，UV-vis 吸收光谱可用于确定溶液中某种物质的浓度，根据比尔定律（Beer's Law），吸光度与浓度呈线性关系；③ 化学反应动力学研究，可以通过监测反应物或产物在不同波长下的吸光度变化，了解化学反应的动力学过程；④ 生物分析，在生物化学研究中，UV-vis 吸收光谱常用于研究蛋白质、核酸等生物大分子的结构和浓度；⑤ 材料科学研究，用于研究材料的电子结构、能带等性质，例如半导体材料的带隙。

若无特别说明，则本书中的 UV-vis 吸收光谱测试所用仪器型号为 UV-3150，该紫外可见分光光度计由日本岛津公司生产。我们通过对不同的 TiO_2 膜及钙钛矿膜进行 UV-vis 吸收光谱测试，研究其光谱响应，然后通过 Kubelka-Munk 公式计算出了不同膜的吸收光谱。

2.3.6　光致发光光谱

光致发光光谱（PL）是一种在材料科学、生物医学和光电子学等领域广泛应用的重要光谱学技术。PL 技术通过激发样品并测试其发射的光信号，得到了材料的光电性质和结构等重要信息。其是基于材料在受到外部能量激发后发生的电子跃迁。通常，将样品暴露于激发光源中，如激光或其他光源，激发光与材料相互作用，使得材料内部的电子跃迁至激发态。当这些电子回到基态时，会释放出光子。通过分析这些发射光子的能量和强度，可以推断材料的能带结构、电子结构以及材料之间的相互作用。

PL 广泛用于半导体材料的研究，通过分析发射光谱，可以确定半导体的能带结构、载流子寿命和表面缺陷等信息，这对于半导体电池的设计和优化至关重要。在生物医学领域，PL 用于研究荧光探针、生物标记和细胞成像，通过分析发射光谱，可以获得有关荧光物质的信息。PL 对纳米材料的研究也具有重要意义，通过分析发射光谱,可以获得纳米颗粒的尺寸和形状等信息,以便深入了解纳米材料的光学性质和结构。在光电子学领域,PL 用于研究光电子电池和光学传感器,通过分析发射光谱,可以评估电池的性能并优化其设计,为光电子学的发展提供有力支持。

若无特别说明,则所用的 PL 设备为 Micro-Raman Spectrometer（HR Evolution）,以波长为 473 nm 的激光作为激发光源。通过 PL 表征,我们分析了电荷传输状况。

2.3.7　时间分辨荧光光谱

时间分辨荧光光谱(TRPL)是根据待测样品的被检信号衰减差异进行选择测定的一种方法。激光因具有灵敏度高、专一性及选择性好、稳定性强等优点而被用作激发光源。通过 TRPL 测试可以直观区分具有不同的衰减时间、激发后行为不同的发光峰。

本书中的 TRPL 测试采用的稳态瞬态荧光光谱仪的型号为 FLS920,该仪器由 Edinburgh Instrument 公司生产,测试过程中所用的激发光源是波长为 700 nm 的激光。

2.3.8　光电流密度-光电压曲线

光电流密度-光电压曲线是在光照条件下测试的半导体材料或光电电池的关键特性曲线之一。这个曲线描述了光照条件下电流密度(J)和电压(V)之间的关系。光电流密度通常是指单位面积上的光电流,而光电压则是电池的输出电压。

这种测试通常用于评估光电电池(如太阳能电池)的性能,了解其在不同光照强度和电压条件下的行为。

若无特别说明,则利用中教金源的氙灯光源系统 CEL-S500 来模拟太阳光,提供 1 个标准太阳光;用美国吉时利公司生产的 Keithley 2400 数字电源表来测试钙钛矿太阳能电池的光电流密度-光电压曲线。

2.3.9　外量子效率

外量子效率(External Quantum Efficiency,EQE)是衡量光电电池(如太阳能电池)在接收光子时产生电流的效率的参数,即收集到的电子数和入射的光子总数之比。EQE 是指在光照条件下,光电电池从外部接收到的光子中有多少能够转换成电子,通常用百分比表示。

EQE 与内量子效率(Internal Quantum Efficiency,IQE)有关。IQE 是衡量光电电池内部产生的光子中有多少能够转换成电流的参数。EQE 考虑了由电池表面和电极等因素引起的光子反射或透射的损失,因此更全面地反映了电池的整体性能。

本书中 EQE 测试所用的是 QTest Station 1000A 测试系统(美国颐光科技有限公司)。我们通过对电池进行 EQE 测试,探究了不同电池的光响应性能。

第3章　旋涂法制备平面钙钛矿太阳能电池

3.1　引　言

钙钛矿太阳能电池因具有光学性能可调、载流子扩散长度长、吸收系数高等优点而受到人们广泛关注。这类电池的光电转换效率在近十五年里从 3.8% 提高到了 26.1%，当前，它已经变成发展速度最快的一种太阳能电池。其中平面钙钛矿太阳能电池因具有制备简单、成本低、电池结构可调等优点而受到广大研究者的关注。[25] 常规平面钙钛矿太阳能电池的结构为透明导电层/电子传输层/钙钛矿光吸收层/空穴传输层/金属电极。透明导电层一般为 FTO、ITO、柔性材料；电子传输层一般为 TiO_2、SnO_2 等；钙钛矿光吸收层为各种钙钛矿半导体材料，其结构通式为 ABX_3；空穴传输层一般为 Spiro-OMeTAD；金属电极为 Ag 或 Au。[26]

在 P-PSC 中，电子传输层扮演着传输电子和阻挡空穴的重要角色，对电池的光伏性能有至关重要的影响。TiO_2 因具有化学稳定性高、电子性能可调、与钙钛矿能级匹配度高、价格低廉等特点而被广泛应用于 P-PSC 中。[27] TiO_2 电子传输层的制备方法有旋涂、喷雾热解、化学水浴沉积、原子层沉积等。[28] 在不同条件下用不同方法制备出的 TiO_2 电子传输层的性能不同，旋涂法因具有制备简单、成本低等特点而被广泛应用。

本章中，我们制备了结构为 FTO/TiO_2/$CH_3NH_3PbI_3$（$MAPbI_3$）/Spiro-OMeTAD/Ag 的 P-PSC。我们通过旋涂不同浓度钛酸四丁酯的酸性乙醇溶液来制备平面钙钛矿太阳能电池中的 TiO_2 电子传输层，主要探讨不同厚度的 TiO_2 电子传输层对电池光伏性能的影响。用不同的前驱液制备出的 TiO_2 电子传输层的厚度不同，对应电池的光伏性能也不同，电池的光电转换效率随着 TiO_2 电子传输层厚度的增加呈现出了先增加后减小的趋势。当所用钛酸四丁酯为 0.07 mL 时，电池的光伏性能最优，光电转换效率为 10.24%，短路电流密度（J_{sc}）为 17.51 mA/cm^2，开路电压（V_{oc}）为 0.93 V，填充因子（FF）为 0.63。随后我们探讨了用一步旋涂法和两步旋涂法制备的 $MAPbI_3$ 光吸收层及相应平面钙钛矿太阳能电池的性能情况，经研究发现一步旋涂法更适合制备以旋涂 TiO_2 电子传输层为基底的平面钙钛矿太阳能电池。

3.2 TiO₂电子传输层的制备和表征

3.2.1 透明导电玻璃的准备和清洗

(1) 将透明导电玻璃(FTO)切割成大小为 15 mm×15 mm 的基底。

(2) 用锌粉(Zn)和稀盐酸(HCl)将 FTO 基底上层的透明导电层刻蚀掉约 4 mm,留作电池的电极。

(3) 将刻蚀后的 FTO 基底置于干净的烧杯中,倒入去离子水直至没过 FTO 基底;放入适量去污粉,超声清洗 20 min,然后取出 FTO 基底,用去离子水将它冲洗干净。

(4) 将 FTO 基底置于干净的烧杯中,倒入丙酮直至没过 FTO 基底,超声清洗 20 min,超声结束后将其取出并放入干净烧杯中;再用异丙醇、无水乙醇先后进行超声清洗,过程与丙酮的超声清洗过程一致。

(5) 将 FTO 基底置于干净烧杯中,倒入去离子水,在超声波清洗器中超声清洗 20 min,取出后用高纯氮气吹干备用。

3.2.2 TiO₂电子传输层的制备

TiO₂电子传输层采用旋涂的方法制备,我们通过控制钛酸四丁酯(TBT)的用量制备出了不同厚度的 TiO₂电子传输层。将 0.13 mL 冰乙酸加入 0.78 mL 的无水乙醇中,晃动溶液使其混合均匀。然后分别将 0.05 mL、0.07 mL、0.09 mL、0.11 mL 的 TBT 缓慢滴入无水乙醇和冰乙酸的混合溶液中,晃动溶液直至澄清。用高速旋涂仪将制备好的不同旋涂液旋涂在干净的 FTO 基底上,旋涂方式为先低速(500 r/min 5 s)后高速(4000 r/min 30 s)。旋涂结束后将样品放在 100 ℃的加热板上加热 10 min 使乙醇挥发,然后在马弗炉中于 500 ℃下退火 30 min,待马弗炉降至室温后取出样品。为表述简便,我们将用 0.05 mL、0.07 mL、0.09 mL、0.11 mL 的 TBT 制的 TiO₂电子传输层分别简称为 T-0.05 TiO₂、T-0.07 TiO₂、T-0.09 TiO₂、T-0.11 TiO₂。

3.2.3 TiO₂电子传输层的表征

图 3.1 是通过旋涂法在 FTO 基底上制备的 TiO₂电子传输层的的正面 SEM

图和与之相对应的截面 SEM 图。TiO$_2$ 电子传输层的厚度随着旋涂液中 TBT 用量的增加而变厚。图 3.1(a) 和 (f) 分别是 FTO 基底的正面和截面 SEM 图，从图中可以清晰地看到 FTO 的形貌。图 3.1(b) 和 (g) 分别是 T-0.05 TiO$_2$ 电子传输层的正面和截面 SEM 图，从图中可以看出在 FTO 基底的上面形成了一层很薄的膜，即 TiO$_2$ 电子传输层，且其中存在一些小裂缝 (图 3.1(b) 中椭圆标记的区域)，这些小裂缝会成为载流子的复合中心，增加载流子的复合。随着溶液中 TBT 含量的增加，FTO 基底上的 TiO$_2$ 电子传输层逐渐变厚，FTO 的形貌逐渐变得模糊。

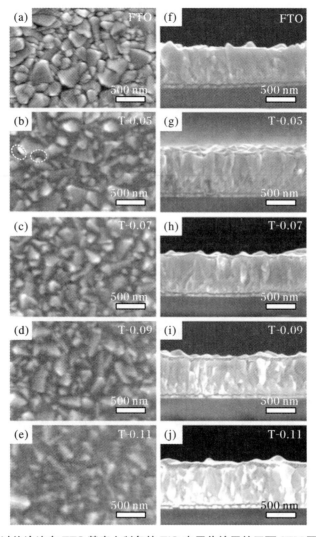

图 3.1　通过旋涂法在 FTO 基底上制备的 TiO$_2$ 电子传输层的正面 SEM 图和与之相对应的截面 SEM 图

(a)～(e) 正面 SEM 图；(f)～(j) 截面 SEM 图

3.3　MAPbI₃光吸收层的制备

MAPbI₃（CH₃NH₃PbI₃）光吸收层采用一步旋涂法制备。前驱液的制备方法如下：将 1 mol/L PbI₂、1 mol/L CH₃NH₃I 溶入由 640 μL 的 N,N-二甲基甲酰胺（DMF）和 160 μL 的二甲基亚砜（DMSO）组成的混合溶液中，超声至溶液澄清透明。旋涂前将事先制备好的 FTO/TiO₂ 基底（15 mm×15 mm）放在加热板上加热至 90 ℃。用高速旋涂仪将 55 μL 的 MAPbI₃ 溶液以先低速（500 r/min 5 s）后高速（4000 r/min 20 s）的方式旋涂在 FTO/TiO₂ 基底上，并在高速旋转（4000 r/min 20 s）的第 10 s 往样品上滴加 500 μL 乙醚，滴加完后立刻使旋涂仪停止旋转。从旋涂仪上取下样品后在空气中放置 10 min 延迟结晶，然后在 100 ℃的加热板上退火 10 min。

3.4　平面钙钛矿太阳能电池的组装和表征

3.4.1　平面钙钛矿太阳能电池的组装

空穴传输层材料的配制方法如下：取 1 mL 氯苯至分液瓶中，并加入 72.3 mg Spiro-OMeTAD，晃动溶液直至其透明澄清；然后分别加入 28.8 μL 4-叔丁基吡啶、17.5 μL 锂盐，充分溶解后，在 60 ℃的恒温下放置 12 h。锂盐的制备方法如下：将 520 mg 双三氟甲烷磺酰亚胺锂（Li-TFSI）溶入 1 mL 乙腈中。将空穴传输层材料旋涂在钙钛矿光吸收层上，旋涂条件为 4000 r/min 10 s。旋涂完空穴传输层材料后，将样品放入干燥器中，在黑暗环境下陈化 12 h。最后用真空镀膜机在空穴传输层上蒸镀厚度约为 80 nm 的银电极。本书中所有的实验均在空气中进行，湿度为 10%～25%，室温约为 20 ℃。

3.4.2　平面钙钛矿太阳能电池的表征

图 3.2 和表 3.1 分别是基于不同厚度 TiO₂ 电子传输层的平面钙钛矿太阳能电池的 J-V 曲线以及相应的光伏性能参数。如表 3.1 所示，当所用 TBT 为 0.05 mL 时，电池的 PCE 为 9.34%。这是由于此时的 TiO₂ 电子传输层内部存在

一些小裂缝(图 3.1(b)),这些裂缝作为电池中的复合中心,导致光生载流子发生湮灭,从而使得电池光伏性能变差。之后电池的 PCE 随着 TBT 含量的增加而呈现出先升高后降低的规律,当所用 TBT 为 0.07 mL 时,电池的 PCE 达到最大值,为 10.24%,相应的 J_{sc} 为 17.51 mA/cm^2,V_{oc} 为 0.93 V,FF 为 0.63。当进一步增加 TBT 的量时,电池的 PCE 呈现出下降的趋势,T-0.09 TiO$_2$ 和 T-0.11 TiO$_2$ 对应电池的 PCE 分别为 9.44% 和 9.09%。这是因为随着 TBT 含量的增加,TiO$_2$ 电子传输层逐渐变厚,电子的迁移长度变长,其在传输过程中湮灭的概率增加,使得电池性能下降。

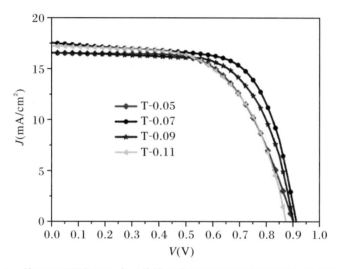

图 3.2　基于不同厚度 TiO$_2$ 电子传输层的平面钙钛矿太阳能电池的 J-V 曲线

表 3.1　基于不同厚度 TiO$_2$ 电子传输层的平面钙钛矿太阳能电池的光伏性能参数

样品	J_{sc} (mA/cm^2)	V_{oc} (V)	FF	PCE
T-0.05	16.60	0.90	0.62	9.34%
T-0.07	17.51	0.93	0.63	10.24%
T-0.09	17.50	0.86	0.63	9.44%
T-0.11	17.26	0.87	0.60	9.09%

为了进一步探究用不同量 TBT 制备的 TiO$_2$ 电子传输层对电池光伏性能的影响,我们进行了重复性测试。在各个条件下分别制备了 25 个电池,并测试所有电池的光伏性能,如图 3.3 所示。通过统计所有条件下电池的光伏性能参数,我们发现基于 T-0.07 TiO$_2$ 的电池的光伏性能最佳。

为了验证从 J-V 曲线中获得的电流密度,我们对基于 T-0.07 TiO$_2$ 的电池进行了 EQE 测试,测试结果为图 3.4 中由小球组成的曲线。根据该 EQE 曲线计算出的积分电流密度曲线为图 3.4 中由三角形组成的曲线。通过积分得到的电流密度为 16.57 mA/cm^2，该结果与由 J-V 曲线得到的结果一致[①]。

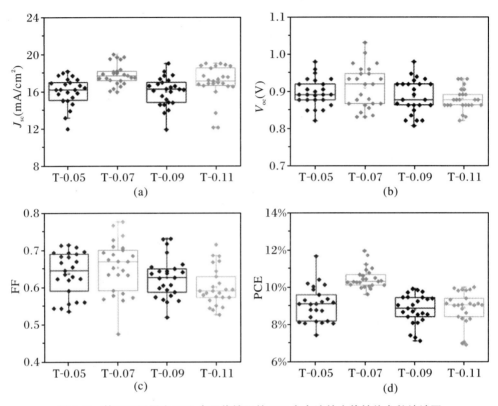

图 3.3 基于不同厚度 TiO$_2$ 电子传输层的 100 个电池的光伏性能参数统计图

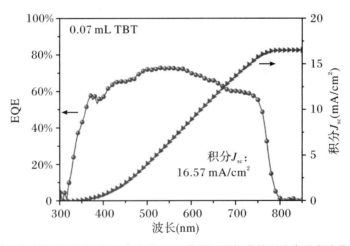

图 3.4 基于 T-0.07 TiO$_2$ 电池的 EQE 曲线以及相应的积分电流密度曲线

---

① 本书中的"结果一致"指的是在测量误差范围内一致。

3.5　一步旋涂法与两步旋涂法的对比

制备钙钛矿太阳能电池中钙钛矿光吸收层的方法主要有两种：一步旋涂法和两步旋涂法。为了探究这两种方法对本章中平面钙钛矿太阳能电池的适用性，我们分别用这两种方法制备了电池中的 MAPbI$_3$ 光吸收层，并对比了相应电池的光伏性能。一步旋涂法的制备流程如第 3.3 节所述。两步旋涂法制备 MAPbI$_3$ 光吸收层（MAPbI$_3$ 膜）的实验流程如下：将 1 mol/L PbI$_2$ 溶入 1 mL DMF 中，在 70 ℃ 下加热 6 h 直至溶液澄清透明；将 CH$_3$NH$_3$I 溶入异丙醇中，浓度为 10 mg/mL。将事先制备好的 FTO/TiO$_2$ 基底（15 mm×15 mm）放在加热板上加热至 90 ℃。用高速旋涂仪将 50 μL 的 PbI$_2$ 溶液以先低速（500 r/min 5 s）后高速（4000 r/min 30 s）的方式旋涂在 FTO/TiO$_2$ 基底上。从旋涂仪上取下样品后在 100 ℃ 的加热板上退火 20 min。然后将 200 μL 的 CH$_3$NH$_3$I 溶液旋涂到 FTO/TiO$_2$/PbI$_2$ 上，旋涂条件为 4000 r/min 30 s。从旋涂仪上取下样品后在 100 ℃ 的加热板上退火 40 min。待样品冷却后，将 200 μL 异丙醇旋涂在钙钛矿上，清洗掉多余的 CH$_3$NH$_3$I，然后在加热板上于 100 ℃ 下干燥 10 min。

图 3.5 是 FTO/T-0.07 TiO$_2$/MAPbI$_3$ 的 XRD 图谱，其中的 MAPbI$_3$ 膜分别用一步旋涂法和两步旋涂法制备。从图中可以看出，在用一步旋涂法制备的 XRD 图谱中，除 FTO 和 MAPbI$_3$ 的衍射峰外，没有其他杂峰，说明我们制备的 MAPbI$_3$

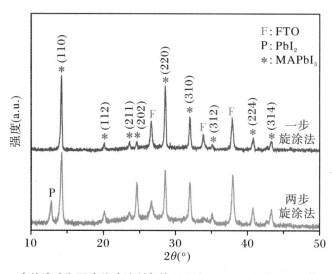

图 3.5　一步旋涂法和两步旋涂法制备的 FTO/T-0.07 TiO$_2$/MAPbI$_3$ 的 XRD 图谱

是纯四方相的钙钛矿。但是在用两步旋涂法制备的 XRD 图谱中,除 FTO 和 MAPbI$_3$ 的衍射峰外,还出现了一个 PbI$_2$ 的衍射峰,说明 MAPbI$_3$ 中有一部分 PbI$_2$ 未反应完全,仍残留在 MAPbI$_3$ 膜中。表 3.2 为用一步旋涂法和两步旋涂法制备的 MAPbI$_3$ 的所有衍射峰的半峰全宽(FWHM),表中数据均由 Jade 软件分析处理得到。从表中可以看出,用一步旋涂法制备的 MAPbI$_3$ 的衍射峰的半峰全宽基本小于用两步旋涂法制备的,说明用一步旋涂法制备的 MAPbI$_3$ 具有更好的结晶性。XRD 结果表明,用一步旋涂法制备的 MAPbI$_3$ 膜中无其他杂峰,其相更纯,且具有更好的结晶性。

表 3.3　一步旋涂法和两步旋涂法制备的 MAPbI$_3$ 的衍射峰的半峰全宽

角度(2θ)	晶面指数(hkl)	半　峰　全　宽	
		两步旋涂法	一步旋涂法
14.221	(110)	0.292	0.203
20.139	(112)	0.259	0.194
23.615	(211)	0.240	0.168
24.56	(202)	0.252	0.106
28.54	(220)	0.270	0.229
31.979	(310)	0.304	0.234
35.042	(312)	0.157	0.249
40.762	(224)	0.242	0.240
43.279	(314)	0.343	0.301

图 3.6(a)和(b)分别为用两步旋涂法和一步旋涂法制备出的 MAPbI$_3$ 的正面 SEM 图,从图中可以看出,用两种方法制备出的 MAPbI$_3$ 膜中均有孔洞,但用一步旋涂法制备出的 MAPbI$_3$ 膜较用两步旋涂法制备出的晶粒尺寸更大。根据之前的报道,钙钛矿膜中的晶界是复合中心,具有大尺寸晶粒的 MAPbI$_3$ 膜中的晶界更少,可以减少载流子在晶界处的复合。图 3.6(c)和(d)为与之相应的截面 SEM 图,从图中可以看出,用一步旋涂法制备出的 MAPbI$_3$ 膜较用两步旋涂法制备出的 MAPbI$_3$ 膜与 TiO$_2$ 电子传输层的结合更为紧密、界面处孔洞更少,更利于载流子从 MAPbI$_3$ 膜到 TiO$_2$ 电子传输层的传输。

图 3.7 分别为用一步旋涂法和两步旋涂法制备的 MAPbI$_3$ 膜对应平面钙钛矿太阳能电池的 J-V 曲线,表 3.3 是与之相对应的光伏性能参数。从表 3.3 中可以看出,用一步旋涂法制备出的 MAPbI$_3$ 膜对应的平面钙钛矿太阳能电池的光伏性能更优。用两步旋涂法制备出的 MAPbI$_3$ 膜对应的电池性能较差的原因可归结为以下三点:① MAPbI$_3$ 膜中有 PbI$_2$ 残留,残留的 PbI$_2$ 会影响 MAPbI$_3$ 的光吸收;

② MAPbI$_3$膜中存在的晶界较多,使得载流子在晶界处的复合增多;③ MAPbI$_3$膜与 TiO$_2$电子传输层的结合较差,这会导致电池的 V_{oc}与 FF 较小。

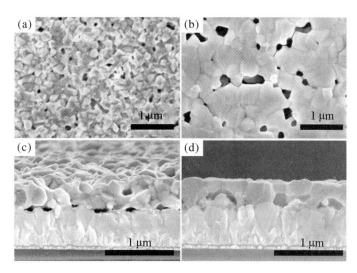

图 3.6　两步旋涂法和一步旋涂法制备的 MAPbI$_3$膜的正面和截面 SEM 图
(a)和(c)两步旋涂法;(b)和(d)一步旋涂法

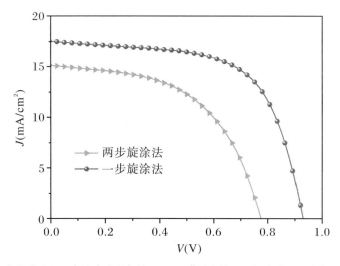

图 3.7　一步旋涂法和两步旋涂法制备的 MAPbI$_3$膜对应的平面钙钛矿太阳能电池的 J-V 曲线

表 3.3　一步旋涂法和两步旋涂法制备的 MAPbI$_3$膜对应的平面钙钛矿太阳能电池的光伏性能参数

样品	J_{sc}(mA/cm^2)	V_{oc}(V)	FF	PCE
一步旋涂法	17.51	0.93	0.63	10.24%
两步旋涂法	15.10	0.78	0.53	6.23%

本 章 小 结

本章采用旋涂法制备了平面钙钛矿太阳能电池中的 TiO_2 电子传输层,并探讨了 TiO_2 电子传输层的厚度对电池性能的影响。接着,我们对比了用一步旋涂法与两步旋涂法所制备出的 $MAPbI_3$ 光吸收层及相应的平面钙钛矿太阳能电池性能情况,所得结论如下:

(1) 我们采用旋涂法将钛酸四丁酯的酸性乙醇溶液旋涂到 FTO 基底上,成功制备出了平面钙钛矿太阳能电池中的 TiO_2 电子传输层,通过改变旋涂液中 TBT 的用量,制备出了不同厚度的 TiO_2 电子传输层。

(2) 随着制备 TiO_2 电子传输层的前驱液中 TBT 用量的增加,与之对应的平面钙钛矿太阳能电池的光电转换效率呈现出先增加后减小的规律。当 TBT 的用量为 0.05 mL 时,制备出的 TiO_2 电子传输层很薄,且其中存在一些小裂缝,光生载流子会在这些小裂缝处湮灭,进而降低电池的光伏性能。当 TBT 的用量为 0.07 mL 时,所制备电池的光伏性能最优,其 PCE 为 10.24%,相应的 J_{sc} 为 17.51 mA/cm^2,得到的 V_{oc} 为 0.93 V,FF 为 0.63。当 TBT 的含量增加至 0.09 mL 和 0.11 mL 时,制备出的 TiO_2 电子传输层变厚,电子的迁移长度变长,其在传输过程中的湮灭概率增加,导致电池的性能变差。

(3) 以乙醚作反溶剂,通过一步旋涂法成功在 FTO/TiO_2 基底上制备出了高质量的 $MAPbI_3$ 光吸收层。与两步旋涂法相比,一步旋涂法制备出的 $MAPbI_3$ 的结晶性更好、晶粒尺寸更大、与 TiO_2 电子传输层的结合更好。与之相应地,电池的性能也更好。用两步旋涂法制备出的电池的 PCE 为 6.23%,而用一步旋涂法制备出的电池的 PCE 为 10.24%。

综上,旋涂法是一种简单且快速制备平面钙钛矿太阳能电池中 TiO_2 电子传输层的方法;一步旋涂法较两步旋涂法制备出的 $MAPbI_3$ 光吸收层的质量更高。

第 4 章 TiO₂纳米方块修饰剂对平面钙钛矿太阳能电池的改性

4.1 引　　言

化学式为 ABX₃的有机-无机杂化钙钛矿半导体材料是一种极具前景的光吸收材料,且被广泛应用于钙钛矿太阳能电池、钙钛矿光电探测器等方面。[23,26]在不同种类的钙钛矿太阳能电池中,平面钙钛矿太阳能电池因具有光电转换率高、制备成本低、制作简单、电池优化灵活、可以含有多个异质结等优点而受到越来越多的关注。常规平面钙钛矿太阳能电池的结构通常为透明导电层/电子传输层/钙钛矿光吸收层/空穴传输层/金属电极。[29]近年来,有许多研究者致力于该类电池的制备和改性。[30]

TiO₂通常被用作电子传输层,且其对钙钛矿光吸收层的质量、电子传输层与钙钛矿光吸收层的界面有重要影响。[31]如第 3 章所述,通过旋涂钛酸四丁酯的酸性乙醇溶液可以成功制备出平面钙钛矿太阳能电池中的 TiO₂电子传输层。然而,TiO₂电子传输层太薄且表面太光滑,不利于钙钛矿光吸收层的沉积,使得制备出的钙钛矿光吸收层中存在孔洞,这些孔洞会造成空穴传输层与电子传输层的直接接触,导致平面钙钛矿太阳能电池的 PCE 降低。诺贝尔奖获得者赫伯特·克罗默(Herbert Kroemer)曾经说过"界面就是电池"。[32]在过去几年中,已经证明界面在具有优异光伏性能的 PSC 中起着至关重要的作用。通过改变界面可以潜在地改善 TiO₂电子传输层和钙钛矿光吸收层之间界面的质量。研究者们已经采用各种界面修饰方法来提高 PSC 的性能。Hairen Tan 等人使用表面含 Cl 的 TiO₂膜钝化界面,该膜抑制了界面处的载流子复合并增强了 TiO₂电子传输层和钙钛矿光吸收层在界面处的结合。Henry J. Snaith 教授课题组的研究结果表明,用溴化铯(CsBr)作为界面修饰剂可有效提高电池在紫外光照射下的稳定性。[33]用富勒烯作为 TiO₂电子传输层和钙钛矿光吸收层的界面修饰剂可显著抑制电池的迟滞现象并增强电池在光照下的稳定性。[34]优良的界面性能是获得高 PCE 钙钛矿太阳能电池的重要因素,提升界面性能对提高电池的 PCE 具有重要意义。

　　本章中,我们采用一种简单有效的界面修饰方法来提升 P-PSC 的光伏性能,用一种新型的 TiO_2 纳米方块作为 TiO_2 电子传输层与 $CH_3NH_3PbI_3$($MAPbI_3$)钙钛矿光吸收层之间的界面修饰剂。修饰后的 TiO_2 电子传输层(TiO_2 膜)具有优异的电子传导能力,且能有效抑制 $TiO_2/MAPbI_3$ 界面处的电荷复合。此外,修饰后的 TiO_2 电子传输层为钙钛矿光吸收层的生长提供了更好的平台,且与钙钛矿光吸收层在界面处的结合更紧密(图 4.1)。显然,TiO_2 电子传输层性能的增强归因于 TiO_2 纳米方块修饰剂。界面的改性使得 P-PSC 的 PCE 显著提高,修饰后电池的 PCE 可达 13.40%。

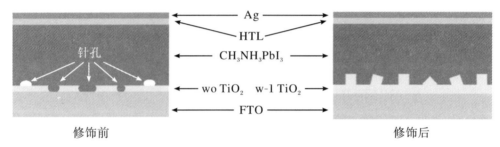

图 4.1　基于 wo TiO_2 和 w-1 TiO_2 的电池示意图

4.2　TiO_2 纳米方块修饰剂的制备和表征

4.2.1　TiO_2 纳米方块修饰剂的制备

　　FTO 的清洗过程如第 3 章所述。TiO_2 膜的制备也采用第 3 章所述的方法,具体步骤如下:将 0.13 mL 的冰乙酸加入 0.78 mL 的无水乙醇中,将溶液摇晃均匀后缓慢滴加 0.07 mL 的钛酸四丁酯(TBT)。用高速旋涂仪将 55 μL 溶液旋涂在干净的 FTO 基底上,旋涂方式为先低速(500 r/min 5 s)后高速(4000 r/min 30 s)。旋涂结束后将 FTO/TiO_2 样品放在 100 ℃的加热板上加热 10 min,使膜中的乙醇充分挥发,然后将样品放入马弗炉中,在 500 ℃下退火 30 min。待马弗炉降至室温后取出样品备用。

　　接着我们用化学水浴沉积的方法在 TiO_2 膜上制备出 TiO_2 纳米方块修饰剂。制备流程如下:将 100 mL 去离子水倒入烧杯中,分别加入 0 mmol/L、0.5 mmol/L、1 mmol/L、1.5 mmol/L 的 $(NH_4)_2TiF_6$,搅拌 5 min 后均加入

25 mmol/L的 TiCl₄，搅拌至溶液澄清。将 FTO/TiO₂ 样品浸泡在有不同前驱液的烧杯中，用保鲜膜封住烧杯的杯口，放入恒温水浴锅中于 70 ℃下水浴 30 min 后取出样品；用去离子水将样品表面冲洗干净，并放入 80 ℃的恒温环境中干燥 6 h 将样品烘干。最后将样品放入马弗炉中于 450 ℃下退火 2 h，待马弗炉降至室温后取出样品备用。为了描述简便，我们将未用（Without）（NH₄）₂TiF₆ 和 TiCl₄ 处理的样品标记为 wo TiO₂，将用（With）0 mmol/L、0.5 mmol/L、1 mmol/L、1.5 mmol/L 的（NH₄）₂TiF₆ 和 25 mmol/L 的 TiCl₄ 处理的样品分别标记为 w-0 TiO₂、w-0.5 TiO₂、w-1 TiO₂、w-1.5 TiO₂。

4.2.2　TiO₂ 纳米方块修饰剂的表征

图 4.2 是 wo TiO₂、w-0 TiO₂ 和 w-1 TiO₂ 的 XRD 图谱，图中的衍射峰对应于锐钛矿相 TiO₂（JCPDS no. 21-1272）和 FTO（JCPDS no. 46-1088），无其他杂峰，表明我们制备出的 TiO₂ 为纯锐钛矿相的 TiO₂。

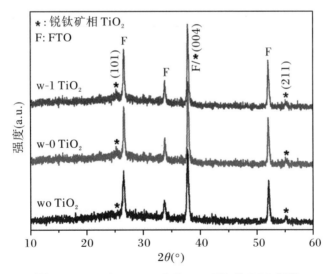

图 4.2　wo TiO₂、w-0 TiO₂ 和 w-1 TiO₂ 的 XRD 图谱

为了表征 TiO₂ 纳米颗粒的微观形貌，我们对其进行了高分辨率透射电子显微镜（HRTEM）测试。图 4.3（a）和（b）分别为 w-0 TiO₂ 和 w-1 TiO₂ 的 HRTEM 图。如图所示，w-0 TiO₂ 的纳米颗粒为椭球形，粒径为 5～10 nm。有趣的是，在溶液中添加（NH₄）₂TiF₆ 后，由于 F⁻ 的引入，TiO₂ 纳米颗粒的形状从椭球形变为了立方体形。图 4.3（b）是 w-1 TiO₂ 的 HRTEM 图，从图中可以看出纳米颗粒是立方体颗粒，粒径约为 13 nm，且 w-0 TiO₂ 和 w-1 TiO₂ 的晶格间距均为 0.352 nm，这对应于锐钛矿相 TiO₂ 的（101）晶面（JCPDS no. 21-1272）。

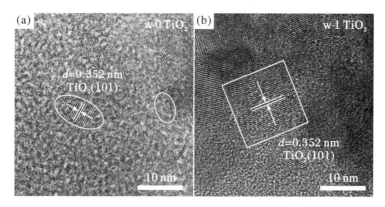

图 4.3　w-0 TiO$_2$ 和 w-1 TiO$_2$ 的 HRTEM 图

(a) w-0 TiO$_2$；(b) w-1 TiO$_2$

　　图 4.4 为 w-1 TiO$_2$ 的 SEM 放大图,从图中可以看出纳米颗粒为立方体形,且其晶粒的尺寸范围为 10～25 nm,该结果与 HRTEM 结果一致。

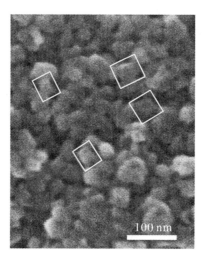

图 4.4　w-1 TiO$_2$ 的 SEM 放大图

　　从图 4.5 中可以看出,用修饰剂修饰后,在 FTO 上形成了双层的 TiO$_2$ 膜,且上层 TiO$_2$ 膜随着(NH$_4$)$_2$TiF$_6$ 用量的增加而变厚。如图 4.5(a)和(f)所示,修饰前的 wo TiO$_2$ 膜很薄,可以清楚地观察到 FTO 基底。如第 3 章所示,这种 TiO$_2$ 膜不利于钙钛矿膜的沉积,制备出的钙钛矿膜中存在孔洞。为了解决这个问题,我们引入了界面修饰剂。如图 4.5(b)和(g)所示,当不添加(NH$_4$)$_2$TiF$_6$(0 mmol/L),即溶液中仅有 TiCl$_4$ 时,在 wo TiO$_2$ 膜上形成了一层很薄的 TiO$_2$ 膜。图 4.5(c)和(h)是 w-0.5 TiO$_2$ 的 SEM 图,与 w-0 TiO$_2$ 相比,其上层 TiO$_2$ 膜中的纳米颗粒变得更密集,这是由于在化学水浴过程中引入了(NH$_4$)$_2$TiF$_6$,使得反应前驱液的浓度变大,生成的纳米颗粒增多。随着化学水浴过程中反应前驱物(NH$_4$)$_2$TiF$_6$ 的增加,溶液浓度增加,制备出的 TiO₂膜也显著变厚。如图 4.5(d)、(i)、(n)所示,与 wo TiO₂、w-0 TiO₂ 和 w-0.5 TiO₂相比,w-1 TiO₂ 膜更厚,并且表面更粗糙。粗糙的表面可以使 TiO₂与 MAPbI₃的接触面积变大,为电子提供更多的传输路径。在进一步加大(NH₄)₂TiF₆的用量后,膜的质量开始变差。如图 4.5(e)所示,在 w-1.5 TiO₂ 的 SEM 图中存在一些裂缝,这些裂缝将造成漏电流的产生;此外,TiO₂膜太厚会降低透光率,使得到达钙钛矿光吸收层的光子数量减少,降低电池的光电流,使得电池性能下降。

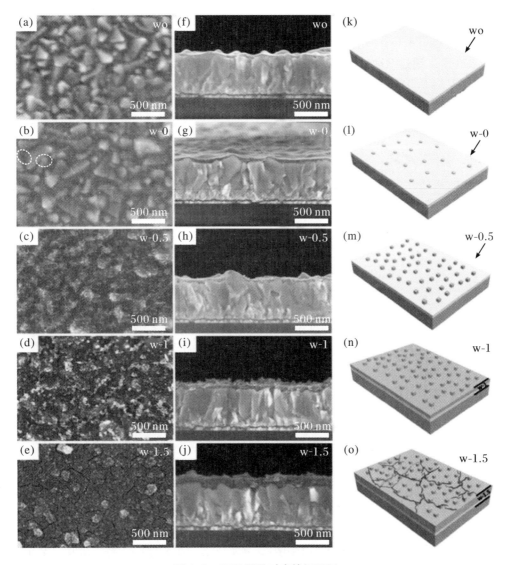

图 4.5　SEM 图及对应的机理图

(a)~(e) wo TiO₂、w-0 TiO₂、w-0.5 TiO₂、w-1 TiO₂、w-1.5 TiO₂的正面 SEM 图;(f)~(j) 对应的截面 SEM 图;(k)~(o) 对应的机理图

图 4.6(a)是 wo TiO$_2$ 和 w-1 TiO$_2$ 的 UV-vis 吸收光谱图。从图中可以看出，与 wo TiO$_2$ 相比，修饰后的 w-1 TiO$_2$ 具有更强的吸光度。这是由于 w-1 TiO$_2$ 上面的纳米方块（立方体形 TiO$_2$ 纳米颗粒）增强了膜对入射光的散射能力，使入射光在膜中的光程变长，所以膜对入射光的吸收变强。此外，两种 TiO$_2$ 均只在紫外光区有吸收，在可见光区没有明显吸收，这是由于 TiO$_2$ 的带隙大。众所周知，材料的带隙取决于光子的吸收系数和不连续能量。它们之间的关系如下：

$$(\alpha h\nu)^2 = c(h\nu - E_{\text{g}}) \tag{4.1}$$

式中，α 为吸收系数，h 为普朗克常数，ν 为频率，c 为常数，E_{g} 为半导体带隙（禁带宽度）。如图 4.6(b)所示，光学带隙可以通过 $\alpha = 0$ 处的 $(\alpha h\nu)^2$ 光子能量曲线的外切线获得。通过该曲线，可以得到 wo TiO$_2$ 和 w-1 TiO$_2$ 的带隙分别为 3.25 eV 和 3.22 eV。我们推测带隙的改变是由于 w-1 TiO$_2$ 的纳米方块颗粒的尺寸较 wo TiO$_2$ 的颗粒尺寸大，带隙随颗粒尺寸的增大而变小。

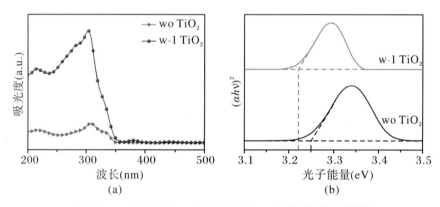

图 4.6　wo TiO$_2$ 以及 w-1 TiO$_2$ 的 UV-vis 吸收光谱图和带隙

4.3　基于修饰前后 TiO$_2$ 的 MAPbI$_3$ 光吸收层的制备和表征

4.3.1　MAPbI$_3$ 光吸收层的制备

MAPbI$_3$ 光吸收层的制备仍采用第 3 章所述的一步旋涂法。将 1 mol/L PbI$_2$、1 mol/L CH$_3$NH$_3$I 溶于 640 μL DMF 和 160 μL DMSO 中，待溶液澄清后取 55 μL 溶液以先 500 r/min 5 s 后 4000 r/min 20 s 的方式旋涂在制备好的 TiO$_2$ 上，并在高速旋涂第 10 s 滴加 500 μL 乙醚，滴完后立刻停止旋涂。在空气中放置 10 min

后于100 ℃下退火10 min。空穴传输层和金属银对电极的制备步骤也同第3章。

4.3.2 MAPbI₃光吸收层的表征

图 4.7(a)为 FTO/wo TiO₂/MAPbI₃ 和 FTO/w-1 TiO₂/MAPbI₃ 的 XRD 图谱。从图 4.7(a)中可以看出,MAPbI₃中不存在其他非钙钛矿相,表明通过钙钛矿前驱液制备的钙钛矿为纯四方相 MAPbI₃晶体,且沿[110]方向生长。图 4.7(b)是用 VESTA 软件绘出的 MAPbI₃的结构示意图,箭头所指方向为生长方向。表 4.1 是用 Jade 软件得到的 MAPbI₃所有衍射峰的半峰全宽,从表中数据可以看出 FTO/w-1 TiO₂/MAPbI₃中 MAPbI₃的所有衍射峰的半峰全宽均小于 FTO/wo TiO₂/MAPbI₃中 MAPbI₃的,表明沉积在 w-1 TiO₂上的 MAPbI₃具有更好的结晶性。

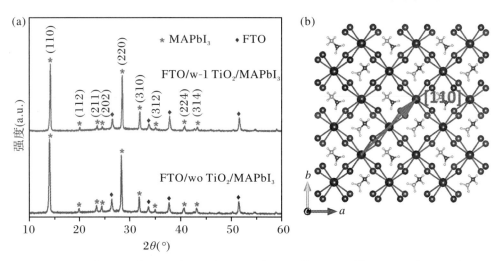

图 4.7 FTO/wo TiO₂/MAPbI₃ 和 FTO/w-1 TiO₂/MAPbI₃ 的 XRD 图谱及 MAPbI₃的结构示意图

表 4.1 FTO/wo TiO₂/MAPbI₃ 和 FTO/w-1 TiO₂/MAPbI₃ 中 MAPbI₃的半峰全宽

角度(2θ)	晶面指数(hkl)	半　峰　全　宽	
		FTO/wo TiO₂/MAPbI₃	FTO/w-1 TiO₂/MAPbI₃
14.221	(110)	0.250	0.199
20.139	(112)	0.202	0.179
23.615	(211)	0.196	0.188
24.56	(202)	0.200	0.183
28.54	(220)	0.208	0.189
31.979	(310)	0.205	0.202
35.042	(312)	0.180	0.155
40.762	(224)	0.303	0.261
43.279	(314)	0.343	0.323

图 4.8(a)是基于 wo TiO$_2$ 的 MAPbI$_3$ 膜（MAPbI$_3$ 光吸收层）的正面 SEM 图，可以看出在 MAPbI$_3$ 膜中存在许多孔洞，这将导致 wo TiO$_2$ 电子传输层和空穴传输层的直接接触，加剧载流子复合，使得电池光伏性能变差。与基于 wo TiO$_2$ 的 MAPbI$_3$ 膜相比，基于 w-1 TiO$_2$ 的 MAPbI$_3$ 膜表面光滑且没有孔洞（图 4.8(b)），膜很均匀并且具有大尺寸晶粒，有些晶粒的尺寸甚至达到了 1 μm。图 4.8(c)是基于 w-1 TiO$_2$ 的 MAPbI$_3$ 膜的截面 SEM 图，从图中可以看出，高质量的单层 MAPbI$_3$ 膜与 TiO$_2$ 紧密地结合在一起，且 MAPbI$_3$ 膜的厚度约为 340 nm。与多层 MAPbI$_3$ 膜相比，单层 MAPbI$_3$ 膜中存在较少的晶界（晶界会捕获光生载流子并导致 PCE 降低）。在具有单层 MAPbI$_3$ 膜的电池中，载流子在垂直于电池平面方向上的传输过程中不需要经过任何晶界。因此，具有大尺寸晶粒且无孔洞缺陷的单层 MAPbI$_3$ 膜更利于制备具有高光伏性能的电池。

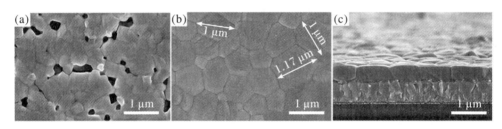

图 4.8　基于 wo TiO$_2$ 的 MAPbI$_3$ 膜的正面 SEM 图及基于 w-1 TiO$_2$ 的 MAPbI$_3$ 膜的正面 SEM 图和截面 SEM 图

从图 4.9(a)可以看出，基于 wo TiO$_2$ 和 w-1 TiO$_2$ 的 MAPbI$_3$ 的带隙均为 1.605 eV。图 4.9(b)描述了光生电子在 FTO、TiO$_2$ 以及 MAPbI$_3$ 的能带之间的传输机制。MAPbI$_3$ 价带（VB）上的电子在光照下被激发到导带（CB），然后它们沿着 A$_1$、A$_2$ 以及 A$_3$、A$_4$ 箭头方向传输到 TiO$_2$ 的导带，最后被 FTO 收集。然而，在图中虚线箭头 A$_1$ 所示处，wo TiO$_2$ 具有较大的带隙，所以光生电子较难从 MAPbI$_3$ 转移到 TiO$_2$。这会降低电荷的注入效率并导致电荷在 TiO$_2$/MAPbI$_3$ 界面处累积。与 wo TiO$_2$ 相比，w-1 TiO$_2$ 具有较小的带隙，光生电子从 MAPbI$_3$ 到 w-1 TiO$_2$ 的传输更容易（A$_3$）。

PL 光谱是探索钙钛矿太阳能电池中光生载流子转移效率的有效表征方法。图 4.10(a)是玻璃/MAPbI$_3$、玻璃/wo TiO$_2$/MAPbI$_3$ 和玻璃/w-1 TiO$_2$/MAPbI$_3$ 样品的稳态 PL 光谱图。从图中可以看出所有 PL 激发峰均位于 770 nm 处，与之前的报道一致。[35] 玻璃/wo TiO$_2$/MAPbI$_3$ 的荧光强度低于玻璃/MAPbI$_3$ 的，在形成双层 TiO$_2$ 膜之后，荧光强度进一步减弱，表明玻璃/w-1 TiO$_2$/MAPbI$_3$ 中光生载流子的复合率比玻璃/wo TiO$_2$/MAPbI$_3$ 中的低。这一结果归因于纳米方块界面修饰剂提高了 MAPbI$_3$ 膜的质量，抑制了光生载流子的复合，使得 TiO$_2$ 和 MAPbI$_3$ 界面处的电子传输效率更高。

为了进一步表征 FTO/TiO$_2$/MAPbI$_3$ 中的电荷传输，我们对样品进行了

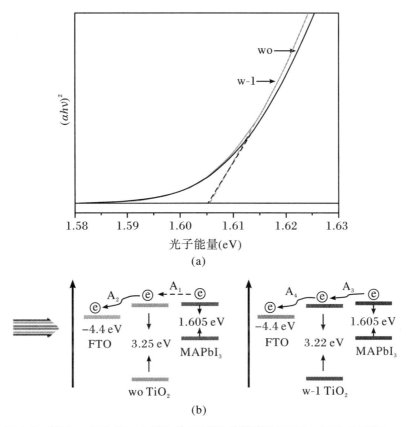

图 4.9　基于 wo TiO₂ 和 w-1 TiO₂ 的 MAPbI₃ 的带隙及 FTO/wo TiO₂/MAPbI₃
和 FTO/w-1 TiO₂/MAPbI₃ 的能带示意图

TRPL 测试。钙钛矿膜中主要有三种载流子复合形式:俄歇复合、与缺陷相关的非
辐射复合和辐射复合。图 4.10(b)是 FTO/wo TiO₂/MAPbI₃ 和 FTO/w-1 TiO₂/
MAPbI₃ 在激发波长为 700 nm 时的 TRPL 光图谱。样品的载流子寿命是使用下
面的三指数方程拟合衰减曲线后得到的:

$$f(t) = A + B_1\exp(-t/\tau_1) + B_2\exp(-t/\tau_2) + B_3\exp(-t/\tau_3) \quad (4.2)$$

通过下面的公式计算出平均衰减时间:

$$\tau_{\mathrm{ave}} = \frac{B_1\tau_1^2 + B_2\tau_2^2 + B_3\tau_3^2}{B_1\tau_1 + B_2\tau_2 + B_3\tau_3} \quad (4.3)$$

式中,τ_i 是每个衰减过程的衰减时间,B_i 是与之相对应的振幅。图 4.10(b)中列出
了拟合、计算后得到的参数,FTO/w-1 TiO₂/MAPbI₃ 样品的平均衰减时间为
74.69 ns,比 FTO/wo TiO₂/MAPbI₃ 样品的 95.3 ns 快,说明电子可以从 MAPbI₃
更快地注入 w-1 TiO₂。

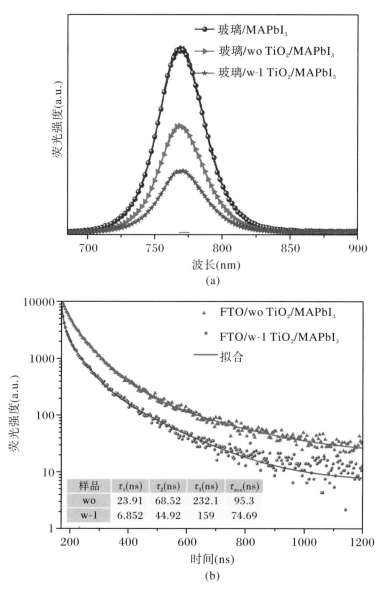

图 4.10 稳态 PL 光谱图以及 TRPL 光谱图

4.4 平面钙钛矿太阳能电池的表征

图 4.11 是 w-1 钙钛矿太阳能电池的结构示意图和截面 SEM 图,从图中可以看出,电池的结构为 FTO/w-1 TiO$_2$/MAPbI$_3$/HTL/Ag。

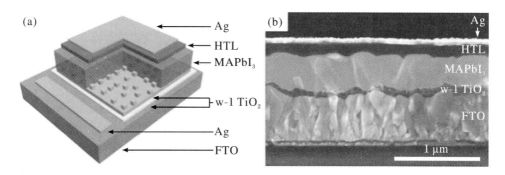

图 4.11　w-1 钙钛矿太阳能电池的结构示意图和截面 SEM 图

图 4.12 是基于 wo TiO₂ 和 w-1 TiO₂ 的钙钛矿太阳能电池的截面 SEM 图。从图中可以看出,在 wo TiO₂ 和 MAPbI₃ 的界面处存在一些孔洞,这些孔洞会成为光生载流子的复合中心,加剧载流子在 wo TiO₂/MAPbI₃ 界面处的复合,降低电池的光电压。与基于 wo TiO₂ 的电池相比,在基于 w-1 TiO₂ 的电池中没有发现孔洞且 MAPbI₃ 在 w-1 TiO₂ 上覆盖完全。这表明纳米方块修饰剂可以为高质量钙钛矿光吸收层的生长提供更好的平台,并且使得 TiO₂ 和 MAPbI₃ 在界面处结合更紧密。

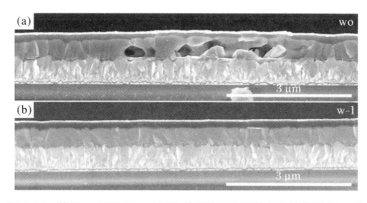

图 4.12　基于 wo TiO₂ 和 w-1 TiO₂ 的钙钛矿太阳能电池的截面 SEM 图

为了进一步阐明 TiO₂ 纳米方块修饰剂对载流子复合的影响,我们用电化学阻抗谱(EIS)探究了电池的电荷转移特性。在钙钛矿太阳能电池中通常研究两种电荷转移过程:电荷的传输(Transport)和复合(Recombination)。[36]因此,我们用软件 ZView 创建了与这两个过程相对应的等效电路图,通过该图可以进行阻抗谱的拟合并得到相应参数。如图 4.13 中的插图所示,等效电路图由 R_s(串联电阻)、R_{tr}(传输电阻)、CPE_{tr}(传输电容)、R_{rec}(复合电阻)和 CPE_{rec}(复合电容)组成。其中 R_s 是高频部分实部的截距。根据之前的报道,在高频部分的 R_{tr} 与电子传输层或电子传输层与钙钛矿光吸收层界面处的载流子传输有关。EIS 图低频的部分可以反映复合过程,相应的电阻是 R_{rec},它的值与光生载流子的复合率成反比。[37]

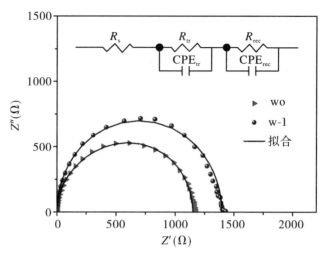

图 4.13　基于 wo TiO₂ 和 w-1 TiO₂ 电池的 EIS 图

插图为等效电路图

我们制备了两种电池:FTO/wo TiO₂/MAPbI₃/HTL/Ag(后面简称为 wo 电池)和 FTO/w-1 TiO₂/MAPbI₃/HTL/Ag(后面简称为 w-1 电池)。前面的测试结果表明,这两种电池的 TiO₂ 电子传输层、MAPbI₃ 光吸收层以及两层之间的界面不同,电池的 R_{tr} 和 R_{rec} 值的差异也源于这些不同。在这里,我们主要讨论载流子从 MAPbI₃ 光吸收层到 TiO₂ 电子传输层的传输过程以及在 TiO₂/MAPbI₃ 中的复合过程。EIS 测试在偏压为 0.8 V 的黑暗条件下进行,拟合后的参数列于表 4.2 中。w-1 电池的 R_{tr} 是 135 Ω,小于 wo 电池的 220 Ω,低的 R_{tr} 表示电子可以更容易地从 MAPbI₃ 光吸收层传输到 w-1 TiO₂ 电子传输层。w-1 电池的 R_{tr} 低归因于用纳米方块修饰后的 TiO₂ 电子传输层与 MAPbI₃ 光吸收层的结合增强且界面处无孔洞。R_{rec} 反映的是在 TiO₂/MAPbI₃ 界面处阻止电荷复合的能力,R_{rec} 越小,电池中的复合越严重。w-1 电池的 R_{rec} 为 1250 Ω,大于 wo 电池的 920 Ω,wo 电池较小的 R_{rec} 意味着 wo TiO₂/MAPbI₃ 中电荷复合严重,这与其低开路电压一致。与之相反,w-1 电池具有较大的 R_{rec} 表明纳米方块修饰剂可以有效地抑制电荷的复合,开路电压从 0.93 V 升至 1.02 V。因此,含有 TiO₂ 纳米方块修饰剂的 PSC 具有更优异的电荷传输特性,该结果与 PL 结果一致。

表 4.2　wo 电池和 w-1 电池的 EIS 拟合参数

TiO₂	$R_s(\Omega)$	$R_{tr}(\Omega)$	$CPE_{tr}(F)$	$R_{rec}(\Omega)$	$CPE_{rec}(F)$
wo	4.991×10^{-2}	220	2.4×10^{-6}	920	1.8×10^{-6}
w-1	1.014×10^{-3}	135	3×10^{-5}	1250	3.3×10^{-6}

将具有不同 TiO₂ 修饰剂的膜作为平面钙钛矿太阳能电池中的电子传输层,通

过测试基于不同 TiO₂ 电子传输层的电池(后面简称为 wo 电池、w-0 电池、w-0.5 电池、w-1 电池、w-1.5 电池)的 J-V 曲线来评估电池的光伏性能(图 4.14(a)),表 4.3 是与之相对应的光伏性能参数。wo 电池的 PCE 为 10.24%,相应的 J_{sc} 为 17.51 mA/cm²,V_{oc} 为 0.93 V,FF 为 0.63。w-1 电池的 PCE 为 13.40%,相应的 J_{sc} 为 19.60 mA/cm²,V_{oc} 为 1.02 V,FF 为 0.67。J_{sc} 的提升主要是由于 w-1 TiO₂ 和 MAPbI₃ 的接触面积增大,增大的面积可以为电荷的注入提供更多通道,电荷可以更快注入 w-1 TiO₂;V_{oc} 的增强可以归因于修饰后的 w-1 TiO₂/MAPbI₃ 具有较少的缺陷并且可以有效地抑制电荷复合;FF 的提高可归因于 TiO₂/MAPbI₃ 界面处性能的改善。然而,w-1.5 电池的光伏性能下降了,这种现象的出现可归结为以下两个原因:① w-1.5 TiO₂ 表面存在很多裂缝,这些裂缝会造成漏电流现象;② TiO₂ 膜变厚导致透光率下降,到达 MAPbI₃ 光吸收层的光子数量减少。这些都会降低电池的光电流,进而降低电池的光伏性能。图 4.14(b)是用 1 mmol/L $(NH_4)_2TiF_6$ 制备的 w-1 电池当中光电转换效率最高的电池的 J-V 曲线,其 PCE 为 14.70%,相应的 J_{sc} 为 19.15 mA/cm²,V_{oc} 为 1.02 V,FF 为 0.74。

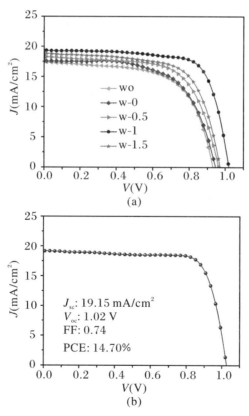

图 4.14　平面钙钛矿太阳能电池的 J-V 曲线和光电转换效率最高的电池的 J-V 曲线

表4.3　平面钙钛矿太阳能电池的光伏性能参数

样品	$J_{sc}(\text{mA/cm}^2)$	$V_{oc}(\text{V})$	FF	PCE
wo	17.51	0.93	0.63	10.24%
w-0	17.76	0.95	0.63	10.76%
w-0.5	18.52	0.96	0.67	12.28%
w-1	19.60	1.02	0.67	13.40%
w-1.5	18.80	0.97	0.67	12.31%

我们基于每种 TiO_2 电子传输层各制备了 25 个电池,并且对其进行了 J-V 测试,表 4.4 是相应的平均 PCE 数据。从图 4.15 可以看出,电池的光伏性能参数随着 $(NH_4)_2TiF_6$ 用量的增加呈现出先增大后减小的规律。当所用 $(NH_4)_2TiF_6$ 为 1 mmol/L 时,电池的光电性能最优,其平均 PCE 可达 13.36%,而 wo 电池的平均 PCE 为 10.44%,这也证实了用 TiO_2 纳米方块修饰剂是一种简单且有效提升电池性能的策略。

表4.4　每种平面钙钛矿太阳能电池的平均PCE

样品	wo	w-0	w-0.5	w-1	w-1.5
平均 PCE	10.44%	10.98%	12.58%	13.36%	11.89%

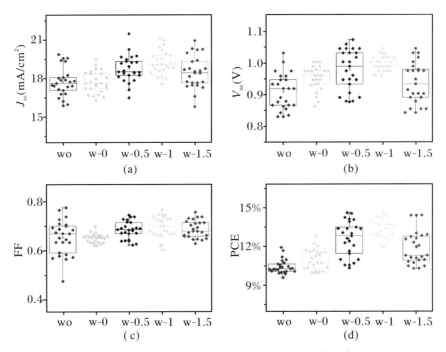

图4.15　每种平面钙钛矿太阳能电池的光伏性能参数统计图

图 4.16 是 wo 电池和 w-1 电池的外量子效率(EQE)曲线和积分得到的 J_{sc} 曲线。从图中可以看出,w-1 电池的 EQE 高于未修饰的 wo 电池的 EQE,并且 w-1 电池在 400~700 nm 显示出优异的光响应,500~600 nm 范围内的 EQE 超过了 80%。wo 电池和 w-1 电池从 EQE 曲线积分得到的 J_{sc} 分别为 17.19 mA/cm² 和 19.30 mA/cm²,与从 J-V 曲线中获得的相应 J_{sc} 结果(17.51 mA/cm² 和 19.60 mA/cm²)一致。

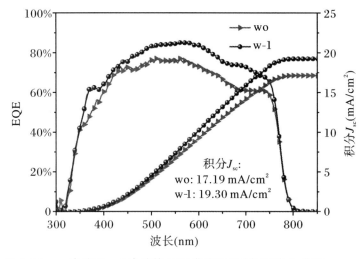

图 4.16　wo 电池和 w-1 电池的 EQE 曲线和积分得到的 J_{sc} 曲线

图 4.17(a)是 wo 电池和 w-1 电池的最大功率输出曲线,它们的 V_{mp}(最大功率点处的电压)分别为 0.7 V 和 0.8 V。wo 电池的 J_{sc} 为 12.17 mA/cm²,最大 PCE 为 8.52%;修饰后的 w-1 电池的 J_{sc} 为 16.16 mA/cm²,最大 PCE 为 12.92%,w-1 电池的最大 PCE 与 J-V 测试的 PCE 基本一致。值得注意的是,w-1 电池的光电流密度和 PCE 一直保持稳定,而 wo 电池在前 60 s 内出现了先下降后趋于稳定的情况,这种现象可归因于在 TiO₂/MAPbI₃ 界面处电荷的累积。如图 4.17(b)所示,我们还进一步研究了电池的稳定性,结果表明具有 TiO₂ 纳米方块修饰剂的 w-1 电池拥有更好的稳定性和更高的 PCE。

本 章 小 结

本章用化学水浴沉积的方法在用旋涂法制备的 TiO₂ 膜上沉积了一层由 TiO₂ 纳米方块组成的膜,并用这种双层的 TiO₂ 膜作为平面钙钛矿太阳能电池的电子传输层。我们通过改变化学水浴过程中 (NH₄)₂TiF₆ 的用量制备出了不同的 TiO₂ 膜,并探究了不同 TiO₂ 膜的性能以及其对 MAPbI₃ 光吸收层和电池光伏性能的影响。所得结论如下:

(1) 通过改变溶液中 (NH₄)₂TiF₆ 的用量,在用旋涂法制备的 TiO₂ 膜上制备出

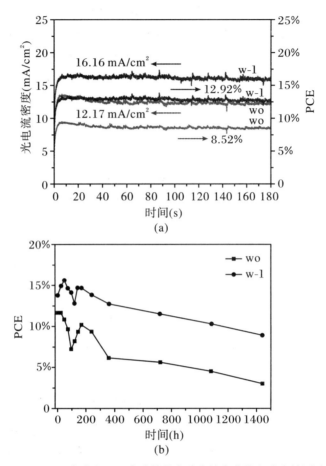

图 4.17　wo 电池和 w-1 电池的最大功率输出曲线和稳定性测试

一层由纳米方块颗粒组成的膜,因此在 FTO 上形成了由旋涂 TiO$_2$ 膜和纳米方块膜组成的双层 TiO$_2$ 膜,且上层 TiO$_2$ 膜的形貌和厚度随着溶液中(NH$_4$)$_2$TiF$_6$量的不同而有所不同。

(2) 沉积在 wo TiO$_2$ 和 w-1 TiO$_2$ 上的 MAPbI$_3$ 均为四方相钙钛矿,均沿[110]方向生长。生长在 w-1 TiO$_2$ 上的 MAPbI$_3$ 较生长在 wo TiO$_2$ 上的 MAPbI$_3$ 具有更好的结晶性。

(3) 生长在 wo TiO$_2$ 上的 MAPbI$_3$ 膜中存在孔洞,这些孔洞会增加光生载流子的复合进而降低电池的光伏性能。生长在 w-1 TiO$_2$ 上的 MAPbI$_3$ 膜中没有孔洞,且膜均匀地生长在 TiO$_2$ 上面,这归功于 TiO$_2$ 纳米方块修饰剂为高质量 MAPbI$_3$ 膜的生长提供了更好的平台。

(4) TiO$_2$ 纳米方块修饰剂使得 TiO$_2$ 和 MAPbI$_3$ 结合更紧密,改善了 TiO$_2$/MAPbI$_3$ 界面性能,w-1 TiO$_2$/MAPbI$_3$ 界面没有孔洞,可以有效抑制 TiO$_2$/MAPbI$_3$ 中载流子的复合,使电子能更高效地注入 w-1 TiO$_2$。

　　(5) 用 1 mmol/L (NH₄)₂TiF₆ 制备的 w-1 电池的光伏性能最优,电池的 PCE 为 13.40%,J_{sc} 为 19.60 mA/cm²,V_{oc} 为 1.02 V,FF 为 0.67,与 wo 电池的 10.24% 相比,PCE 提高了 31%,这归功于 TiO₂ 纳米方块修饰剂。

　　(6) 与 wo 电池相比,w-1 电池的外量子效率更高,且具有更好的稳定性。

　　TiO₂ 纳米方块是一种新颖且能有效提升 TiO₂ 电子传输层性能以及平面钙钛矿太阳能电池光伏性能的修饰剂。

第5章 NaCl 对平面钙钛矿太阳能电池中带隙及电池性能的影响研究

5.1 引　言

有机-无机杂化钙钛矿材料因具有双电荷传输、吸光范围宽、载流子扩散长度长等优点而被广泛应用于钙钛矿太阳能电池中。[38]2009 年,Miyasaka 课题小组第一次将有机-无机杂化钙钛矿材料作为染料敏化太阳能电池当中的敏化剂,而且实现了 3.8% 的光电转换效率。[2]之后,钙钛矿材料受到了很多科研工作者的关注,也发展出了多种多样的钙钛矿太阳能电池。钙钛矿的溶液制备法具有组分可调和成本低等优点,为各种钙钛矿太阳能电池的发展提供了优势。[39]如今,基于 $CH_3NH_3PbI_3$($MAPbI_3$)的平面钙钛矿太阳能电池的 V_{oc} 已超过 1.26 V。[40]

对于太阳能电池而言,可能存在的所有非辐射复合途径都要严格控制,包括在表面上、界面处和膜内部的。[41]在钙钛矿太阳能电池中,缺陷通常会影响其光伏性能。缺陷捕获载流子导致的非辐射复合降低太阳能电池的光电压。研究者们采用了各种方法来抑制光生电子空穴的复合。Wang 等人提出用一种 n 型含硫小分子六氮杂萘并[2,3-c][1,2,5]噻二唑(HATNT)作为平面钙钛矿太阳能电池中的电子传输层,可有效抑制钙钛矿/HATNT 界面处的电荷复合。[42]在钙钛矿前驱液中加入少量 $Pb(SCN)_2$ 可显著减少钙钛矿中的晶界(复合中心)。

提升太阳能电池 PCE 的最大挑战是需要通过最小化非辐射复合来接近 V_{oc} 的辐射极限。减少 V_{oc} 损耗是提升钙钛矿太阳能电池光伏性能的关键。众所周知,V_{oc} 是由 TiO_2 和 $MAPbI_3$ 之间的能级差决定的,V_{oc} 低的一个原因是不合适的能带位置,这会限制 V_{oc} 的输出。[43]另一种可能的原因是 TiO_2 电子传输层和 $MAPbI_3$ 光吸收层之间的载流子复合,这会降低电子的准费米能级。[44]能带位置的不合适会加剧载流子复合,因此我们引入 NaCl 来调控带隙并抑制载流子复合。

本章中,我们通过简单的旋涂法在 TiO_2 电子传输层上旋涂一层 NaCl,进而形成更合理的阶梯状能带结构。在 TiO_2 上旋涂少量 NaCl 后,V_{oc} 显著升高,从 1.01 V 提高到 1.06 V。NaCl 在钙钛矿太阳能电池中起两个作用:① NaCl 可以影响 MAPbI₃的能带结构,调控它的带隙;② 溶解进钙钛矿前驱液中的 NaCl 可用作添加剂,提高钙钛矿膜的质量以及电池的光伏性能和稳定性。

5.2　旋涂 NaCl 的 TiO₂膜的制备和表征

5.2.1　旋涂 NaCl 的 TiO₂膜的制备

首先,同第 4 章所述,在透明的导电玻璃上通过旋涂和化学水浴沉积的方法制备出 TiO₂ 膜。将浓度为 0.1 mmol/mL、0.2 mmol/mL、0.3 mmol/mL、0.4 mmol/mL 的 NaCl 的去离子水溶液旋涂在 TiO₂ 膜上,旋转方式为先 500 r/min 5 s 后 4000 r/min 10 s。然后,在加热板上于 105 ℃下加热 10 min。为了表述简便,我们将没有旋涂 NaCl 的 TiO₂作为控制 TiO₂(即命名为控制 TiO₂),并将用浓度为 0.1 mmol/mL、0.2 mmol/mL、0.3 mmol/mL、0.4 mmol/mL NaCl 涂覆的 TiO₂分别命名为 N-0.1 TiO₂、N-0.2 TiO₂、N-0.3 TiO₂、N-0.4 TiO₂。

5.2.2　旋涂 NaCl 的 TiO₂膜的表征

图 5.1 是未旋涂 NaCl 的 TiO₂(控制 TiO₂)和用 0.2 mmol/mL NaCl 旋涂的 TiO₂(N-0.2 TiO₂)的 SEM 图,从图中可以看出,旋涂 NaCl 后,样品的形貌和厚度没有发生改变。

我们采用 XPS 来表征 TiO₂上的 NaCl。图 5.2(a)～(c)分别是控制 TiO₂、

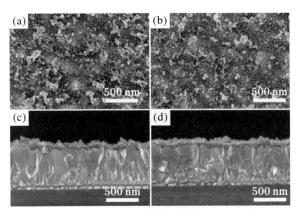

图 5.1　SEM 图

(a)和(b) 控制 TiO₂、N-0.2 TiO₂的正面 SEM 图;(c)和(d) 相应的截面 SEM 图

N-0.2 TiO$_2$ 和 N-0.4 TiO$_2$ 的 C 1s、Cl 2p、Ti 2p 的 XPS 图谱。从图 5.2(a)中可以看出,所有 C 峰均位于 284.8 eV 处。如图 5.2(b)所示,在控制 TiO$_2$ 中没有 Cl 峰,证明未旋涂 NaCl 的控制 TiO$_2$ 上没有 NaCl,但在旋涂 NaCl 后的 N-0.2 TiO$_2$ 和 N-0.4 TiO$_2$ 中可以观察到两个明显的 Cl 峰,这意味着 NaCl 已成功旋涂在 TiO$_2$ 上。此外,Cl 峰的面积随 NaCl 浓度的增加而增加,表明 TiO$_2$ 上的 NaCl 含量随浓度的增加而增多。在图 5.2(c)中,可以看到在控制 TiO$_2$ 的 XPS 图谱中有两个 Ti 2p 峰,分别位于458.414 eV 和 464.214 eV,对应着 Ti 的 3/2 自旋态和 1/2 自旋态,且对应 Ti 的 +4价态。控制 TiO$_2$ 中 Ti 2p$_{1/2}$ 和 Ti 2p$_{3/2}$ 双峰间的差值为5.800 eV。在旋涂 NaCl 后,N-0.2 TiO$_2$ 和 N-0.4 TiO$_2$ 的 Ti 双峰间的差值分别为5.765 eV 和 5.770 eV,均小于控制 TiO$_2$ 的 5.800 eV。此外,N-0.2 TiO$_2$ 和 N-0.4 TiO$_2$ 中 Ti 2p$_{1/2}$ 的结合能比控制TiO$_2$ 分别高出 0.180 eV 和 0.208 eV。XPS 中 Ti 峰位置的移动意味着在旋涂 NaCl后,TiO$_2$ 表面的化学环境发生了变化,这可能是由于 NaCl 中的 Cl$^-$ 与 TiO$_2$ 上的氧空位结合(图 5.2(d))。根据之前的报道,TiO$_2$ 表面的 Cl$^-$ 可以使 TiO$_2$ 与钙钛矿结合更

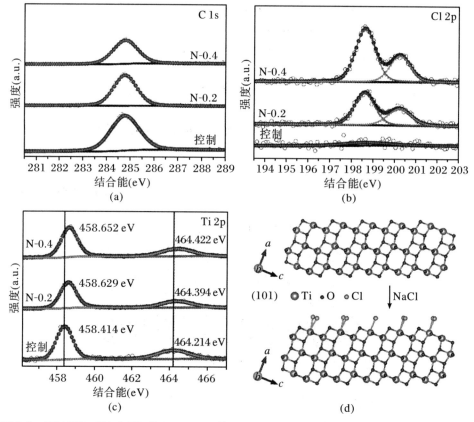

图 5.2　控制 TiO$_2$、N-0.2 TiO$_2$ 和 N-0.4 TiO$_2$ 的 C 1s、Cl 2p、Ti 2p 的 XPS 图谱及用 NaCl 处理前后
　　　　的 TiO$_2$(101)面的结构示意图

紧密,从而提高 TiO_2 传输电子的能力。[31]用 NaCl 处理前后的 TiO_2(101)面的结构示意图如图 5.2(d)所示。

为了进一步探究 TiO_2 上 NaCl 的存在,我们对样品进行了 EDS 测试,图 5.3 为不同 TiO_2 的 EDS 图谱。从图中可以看出,控制 TiO_2 上没有 NaCl,而随着 NaCl 浓度的增加,TiO_2 上 NaCl 的量也增加了,该结果与 XPS 结果一致。

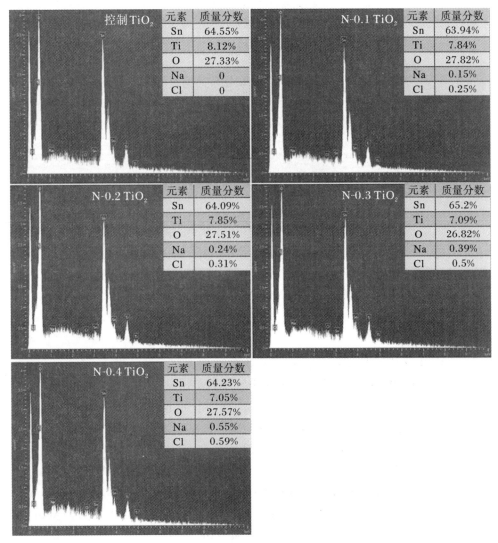

图 5.3　不同 TiO_2 的 EDS 图谱

图 5.4 是 N-0.2 TiO_2 的 EDS-mapping 图谱,从图中可以看出 NaCl 被均匀地涂覆在 TiO_2 上。

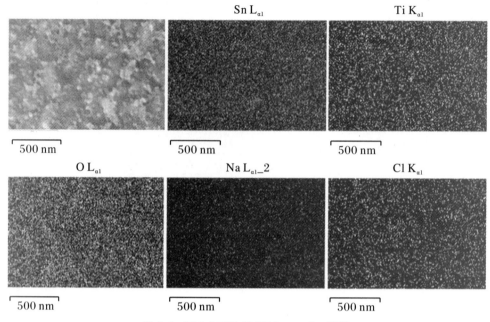

图 5.4　N-0.2 TiO₂ 的 EDS-mapping 图谱

5.3　基于不同 TiO₂ 的 MAPbI₃ 光吸收层的表征

MAPbI₃ 光吸收层的制备仍采用第 3 章的一步旋涂法。图 5.5（a）和（b）是基于控制 TiO₂ 和 N-0.2 TiO₂ 的 MAPbI₃ 膜（MAPbI₃ 光吸收层）的正面 SEM 图。显然，两个样品的表面均光滑、连续、均匀。根据之前的报道，含有 Cl 的 MAPbI₃ 膜比纯 MAPbI₃ 膜具有更好的质量。[45] 基于 N-0.2 TiO₂ 的 MAPbI₃ 膜质量的提高可归因于 N-0.2 TiO₂ 上 NaCl 的存在，其中部分 NaCl 会溶入钙钛矿的前驱液中，使得制备出的 MAPbI₃ 膜质量更好。与基于控制 TiO₂ 的 MAPbI₃ 膜相比，由于 Cl 的存在基于 N-0.2 TiO₂ 的 MAPbI₃ 膜中有更多 1 μm 以上的晶粒，NaCl 极大地促进了具有较大（微米级）尺寸晶粒的高质量 MAPbI₃ 膜的形成。MAPbI₃ 膜中的晶界是复合中心，而具有大尺寸晶粒的 MAPbI₃ 膜可以使晶界减少，进而显著减少在晶界处的电荷损失。[46] 因此，具有较大尺寸晶粒和较少晶界的沉积在 N-0.2 TiO₂ 上的高质量 MAPbI₃ 膜内的载流子复合较沉积在控制 TiO₂ 上 MAPbI₃ 膜内的少。[47] 图 5.5（c）和（d）是基于控制 TiO₂ 和 N-0.2 TiO₂ 的平面钙钛矿太阳能电池的截面 SEM 图，从截面 SEM 图中也可以看出 MAPbI₃ 膜质量的提高，而且引入 NaCl 后的 MAPbI₃ 膜在垂直于基底方向上的晶界更少，减少了载流子在传输过程中的复合。

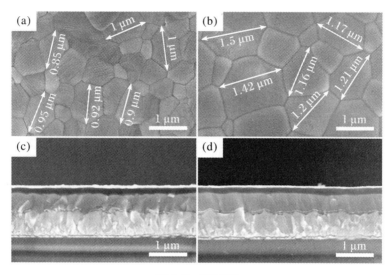

图 5.5　SEM 图

(a)和(b) 基于控制 TiO₂ 和 N-0.2 TiO₂ 的 MAPbI₃ 膜的正面 SEM 图；(c)和(d) 基于控制 TiO₂ 和 N-0.2 TiO₂ 的平面钙钛矿太阳能电池的截面 SEM 图

为了研究 NaCl 对 MAPbI₃ 晶体结构的影响，我们对 MAPbI₃ 膜进行了 XRD 测试。以软件 Materials Studio 计算得到的 FTO 基底的衍射峰作为归一化后样品的 XRD 图谱的校准标准（图 5.6(a)和(b)）。图 5.6(c)比较了基于控制 TiO₂ 和 N-0.2 TiO₂ 的 MAPbI₃ 膜归一化后的 XRD 谱图，在两个样品中都可以观察到 MAPbI₃ 晶体的强衍射峰（用 * 号标记），这表明在两种 TiO₂ 上的 MAPbI₃ 均具有高结晶性。图 5.6(d)是对应的 MAPbI₃ 膜的(220)衍射峰的放大图，显然，在旋涂 NaCl 后，衍射峰向大角度方向偏移，这种偏移是由 MAPbI₃ 中晶面间距的减小引起的，造成该现象的原因是 MAPbI₃ 中引入了 NaCl，使得晶胞尺寸减小。

XPS 的测试结果进一步证明了 MAPbI₃ 结构的变化。图 5.7 是基于控制 TiO₂、N-0.2 TiO₂、N-0.4 TiO₂ 的 MAPbI₃ 的 XPS 图谱。如图 5.7(a)和(b)所示，引入 NaCl 后 MAPbI₃ 中的 C 1s 和 N 1s 峰的面积减少，表明 MAPbI₃ 中 CH₃NH₃⁺ 的含量减少并且可能被 Na⁺ 替代。此外，Pb 4f 的峰向高结合能的方向偏移，表明在 MAPbI₃ 中有部分 Cl⁻ 代替了 I⁻ 与 Pb²⁺ 结合（图 5.7(c)）。引入 NaCl 后，I 3d 的结合能变高（图 5.7(d)），说明 MAPbI₃ 中的电子态发生了改变。图 5.7(e)为 Cl 2p 的 XPS 图谱，从图中可以看出，基于控制 TiO₂ 的 MAPbI₃ 中没有 Cl 峰；基于 N-0.2 TiO₂ 和 N-0.4 TiO₂ 的 MAPbI₃ 的 XPS 图谱与基于控制 TiO₂ 的 MAPbI₃ 相比，虽然有一些变化，但没有明显的 Cl 峰，这可能是由于 MAPbI₃ 中引入的 NaCl 的量较少。在图 5.6 中也未观察到 NaCl 的 XRD 衍射峰，这意味着引入 MAPbI₃ 的 NaCl 已被溶解到钙钛矿前驱液中。从 XRD 和 XPS 的结果可以看出 NaCl 已

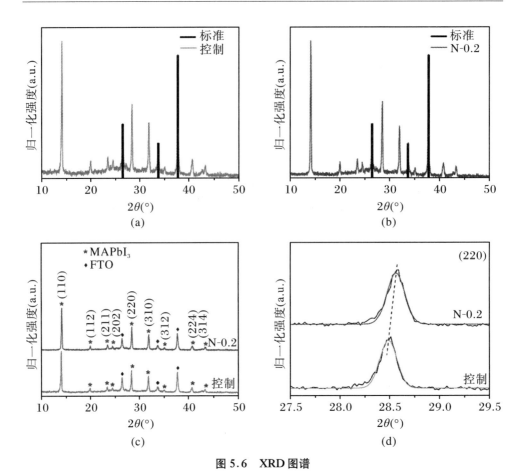

图 5.6　XRD 图谱

(a)～(c) 基于控制 TiO₂ 和 N-0.2 TiO₂ 的 MAPbI₃ 膜的 XRD 谱图；(d) 与 (c) 相应 (220) 衍射峰的放大图

被成功引入 MAPbI₃ 膜中。

不同 MAPbI₃ 膜的 PL 光谱图如图 5.8(a) 所示，纯 MAPbI₃ 膜的荧光强度最强，峰的位置在 770 nm 处。玻璃/控制 TiO₂/MAPbI₃ 的荧光强度低于玻璃/MAPbI₃。在引入 NaCl 之后，荧光强度进一步降低，证明光生载流子的复合降低。为了深入了解 NaCl 对沉积在不同 TiO₂ 上的 MAPbI₃ 膜的光学性质的影响，我们进行了 UV-vis 吸收光谱测试。如图 5.8(b) 所示，与基于控制 TiO₂ 的 MAPbI₃ 膜相比，基于 N-0.1 TiO₂ 和 N-0.2 TiO₂ 的 MAPbI₃ 膜的吸光度增强，随后 MAPbI₃ 膜的吸光度随着 NaCl 浓度的增加而降低。PL 光谱和 UV-vis 吸收光谱的结果表明，少量的 NaCl 可以使 TiO₂ 电子传输层和 MAPbI₃ 光吸收层之间载流子的复合得到抑制，提高电子的注入效率，同时也可以提高 MAPbI₃ 的光吸收能力。

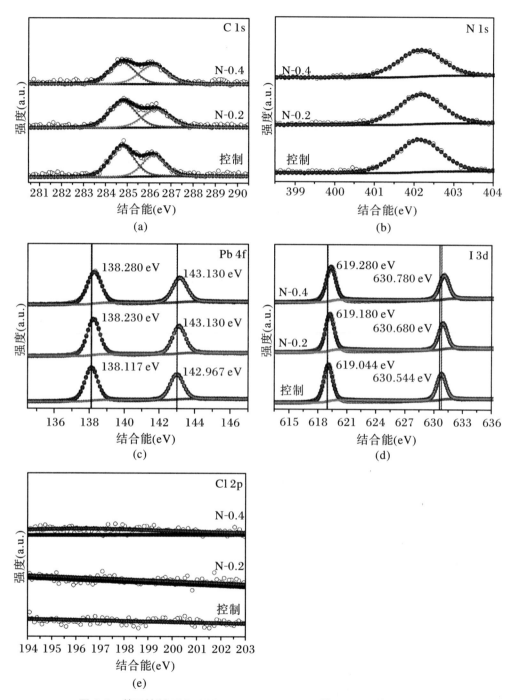

图 5.7　基于控制 TiO$_2$、N-0.2 TiO$_2$、N-0.4 TiO$_2$ 的 MAPbI$_3$ 的 XPS 图谱

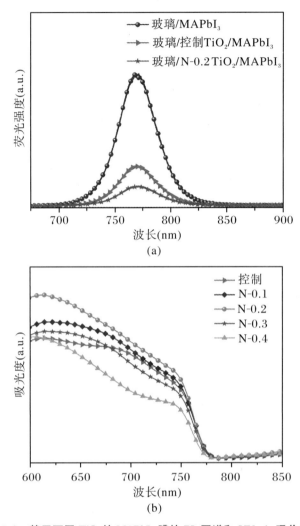

图 5.8　基于不同 TiO$_2$ 的 MAPbI$_3$ 膜的 PL 图谱和 UV-vis 吸收光谱

图 5.9(a)是基于不同 TiO$_2$(旋涂不同浓度 NaCl)的 MAPbI$_3$ 膜的放大UV-vis 吸收光谱,由图可见,随着 NaCl 浓度的增加,吸收边出现蓝移,表明引入的 NaCl 可以影响 MAPbI$_3$ 的带隙。图 5.9(b)是沉积在不同 TiO$_2$ 上的 MAPbI$_3$ 膜的带隙,随着 NaCl 浓度的增加,带隙从 1.607 eV 变为 1.634 eV(表 5.1)。这与 UV-vis 吸收光谱的蓝移一致。该结果也表明引入的 NaCl 可以调节 MAPbI$_3$ 膜的带隙。图 5.9(c)显示了旋涂不同浓度 NaCl 后 TiO$_2$ 的带隙,相应的值归纳在表 5.2 中。值得注意的是,随着 NaCl 浓度的增加,TiO$_2$ 的带隙变小。这是由于 NaCl 会改变 TiO$_2$ 的表面态,并且电荷在 NaCl 和 TiO$_2$ 之间发生转移。

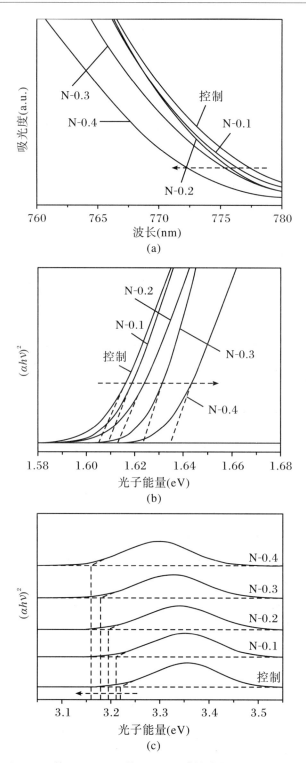

图 5.9　基于不同 TiO₂ 的 MAPbI₃ 膜的放大 UV-vis 吸收光谱和带隙
以及旋涂不同浓度 NaCl 后 TiO₂ 的带隙

表 5.1　基于不同 TiO₂ 的 MAPbI₃ 膜的带隙

样品	控制	N-0.1	N-0.2	N-0.3	N-0.4
带隙(eV)	1.607	1.610	1.614	1.625	1.634

表 5.2　旋涂不同浓度 NaCl 后 TiO₂ 的带隙

样品	控制	N-0.1	N-0.2	N-0.3	N-0.4
带隙(eV)	3.22	3.21	3.19	3.18	3.16

太阳能电池的 PCE 依赖于带隙 E_g 和太阳光谱,在太阳光谱确定的情况下,PCE 就可表达为带隙 E_g 的函数。E_g 太小时,因为 $V_m < V_{oc} < E_g/q$,电池的开路电压 V_{oc} 以及最佳工作电压 V_m 就会变小;E_g 太大时,光生电子较难从价带跃迁至导带,电池的短路电流密度 J_{sc} 以及最佳工作电流密度 J_m 就会变小。这两种情况都会使太阳能电池的 PCE 降低。因此,选用具有合适带隙的材料对制备高性能的太阳能电池起着至关重要的作用。图 5.10 是旋涂不同浓度 NaCl 的 FTO/TiO₂/MAPbI₃ 的能带结构示意图,从图中可以看出,在电子传输过程中存在复合,图中的 A_1、B_1、C_1 代表可能的复合路径。在 FTO/控制 TiO₂/MAPbI₃ 的能带结构示意图中,TiO₂ 的导带位置与 MAPbI₃ 的导带位置较接近,两者之间的能级差较小,因此电子传输需要的驱动力较小,这种情况容易导致已经传输到控制 TiO₂ 的电子在界面处(路径 A_1)与 MAPbI₃ 中的空穴重新复合。在 FTO/N-0.4 TiO₂/MAPbI₃ 的能带结构示意图中,MAPbI₃ 的带隙变大使得电子从价带跃迁到导带所需要的能量变大,这会使得一些电子较难从价带跃迁到导带,而 N-0.4 TiO₂ 的小带隙会使 TiO₂ 中的俄歇复合增多,如路径 B_1 所示。此外,MAPbI₃ 的带隙变大且 TiO₂ 的带隙变小使得两者的导带能级差变大,电子在从 MAPbI₃ 到 N-0.4 TiO₂ 的传输过程中被湮灭的概率增大,这可以归因于 C_1 路径处所示的两者导带之间的差值变大。不合适的能带位置会造成如 A_1、B_1 和 C_1 处描述的电子空穴的复合,导致电池的 J_{sc} 和 V_{oc} 降低。与控制 TiO₂ 和 N-0.4 TiO₂ 相比,N-0.2 TiO₂ 具有较合适的能带位置,在 FTO/N-0.2 TiO₂/MAPbI₃ 中相应的 A_2、B_2、C_2 路径处的复合可以得到缓解,进而电池的光伏性能得到改善。

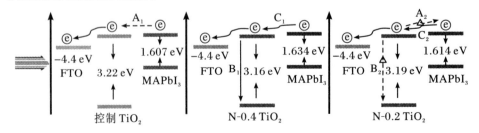

图 5.10　旋涂不同浓度 NaCl 的 FTO/TiO₂/MAPbI₃ 的能带结构示意图

5.4　基于不同 TiO$_2$ 的平面钙钛矿太阳能电池的表征

我们首次将少量的 NaCl 旋涂到 TiO$_2$ 电子传输层上,图 5.11 是旋涂 NaCl 后平面钙钛矿太阳能电池的结构示意图,其结构为 FTO/TiO$_2$/NaCl/MAPbI$_3$/HTL/Ag。

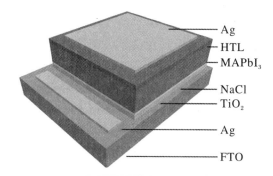

图 5.11　旋涂 NaCl 后平面钙钛矿太阳能电池的结构示意图

图 5.12(a) 显示了基于不同 TiO$_2$(旋涂不同浓度 NaCl)的平面钙钛矿太阳能电池的 J-V 曲线,表 5.3 列出了相应的光伏性能参数。基于控制 TiO$_2$ 的平面钙钛矿太阳能电池,PCE 达到 13.59%,相应的 J_{sc} 为 19.70 mA/cm^2,V_{oc} 为 1.01 V,FF 为 0.67。用 0.2 mmol/mL 的 NaCl 制备的电池的 PCE 最佳,为 15.58%,相应的 J_{sc} 为 20.50 mA/cm^2,V_{oc} 为 1.06 V,FF 为 0.70。用 0.2 mmol/mL 的 NaCl 制备的所有电池中光伏性能最优的电池的 PCE 为 17.32%,相应的 J_{sc} 为 23.55 mA/cm^2,V_{oc} 为 1.04 V,FF 为 0.70(图 5.12(b))。

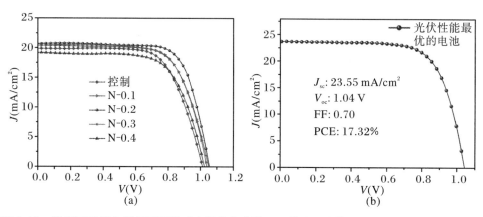

图 5.12　基于不同 TiO$_2$ 的平面钙钛矿太阳能电池的 J-V 曲线和光伏性能最优的电池的 J-V 曲线

表 5.3　基于不同 TiO₂ 的平面钙钛矿太阳能电池的光伏性能参数

样品	J_{sc}(mA/cm²)	V_{oc}(V)	FF	PCE
控制	19.70	1.01	0.67	13.59%
N-0.1	20.25	1.04	0.69	14.69%
N-0.2	20.50	1.06	0.70	15.58%
N-0.3	20.31	1.06	0.67	14.56%
N-0.4	19.07	1.02	0.66	13.11%

图 5.13 是基于不同 TiO₂ 的平面钙钛矿太阳能电池的光伏性能参数统计图，从图中可以看出，基于 N-0.2 TiO₂ 的电池的优异光伏性能归因于增强的 J_{sc} 和 V_{oc}。以下是该电池的 PCE 提高的主要原因：① 溶解进钙钛矿前驱液中的 NaCl 作为溶液中的添加剂，可以提高膜的质量；② NaCl 可以提高 MAPbI₃ 膜的光学性能和 TiO₂ 的导电性、电子提取能力；③ NaCl 可以调控 MAPbI₃ 的带隙，使得 TiO₂ 和 MAPbI₃ 的能带更匹配，进而抑制电荷复合，提高 V_{oc}。

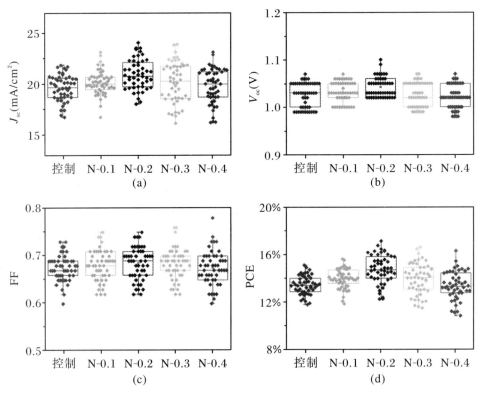

图 5.13　基于不同 TiO₂ 的平面钙钛矿太阳能电池的光伏性能参数统计图

图 5.14 显示了基于控制 TiO₂ 和 N-0.2 TiO₂ 的平面钙钛矿太阳能电池的 EQE 曲线及根据曲线得到的积分 J_{sc}。两个样品的 EQE 曲线均在波长为 750 nm 处快速下降,该现象与 MAPbI₃ 的带隙有关。基于控制 TiO₂ 的电池中载流子复合严重,使得其 EQE 值低于基于 N-0.2 TiO₂ 的电池,尤其是在短波长部分,这表明 N-0.2 TiO₂/FTO 的界面处的电子传输比控制 TiO₂/FTO 界面处的效率更高。此外,电池的 J_{sc} 积分值与从 $J\text{-}V$ 曲线中获得的值一致,根据图 5.14 中的 EQE 曲线积分得到的 J_{sc} 是 19.05 mA/cm²(控制)和 20.31 mA/cm²(N-0.2),这与从 $J\text{-}V$ 曲线获得的 19.70 mA/cm²(控制)和 20.50 mA/cm²(N-0.2)的结果一致。

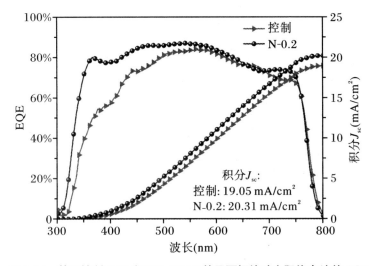

图 5.14　基于控制 TiO₂ 和 N-0.2 TiO₂ 的平面钙钛矿太阳能电池的 EQE 曲线及根据曲线得到的积分 J_{sc}

电池的光伏性能受迟滞现象的影响,因此我们通过不同扫描方向来测试电池的 $J\text{-}V$ 曲线,以观察它们的迟滞现象,图 5.15 和表 5.4 是相应的 $J\text{-}V$ 曲线和光伏性能参数。在基于 N-0.2 TiO₂ 的平面钙钛矿太阳能电池中,迟滞效应极大减弱,这表明由于 NaCl 的引入,迟滞现象被有效地抑制。迟滞指数通过下式计算得到:

$$\text{迟滞指数} = \frac{J_{RS}(0.8V_{oc}) - J_{FS}(0.8V_{oc})}{J_{RS}(0.8V_{oc})} \tag{5.1}$$

其中 J_{RS} 和 J_{FS} 分别是反扫和正扫的光电流密度,V_{oc} 是与之对应的光电压。

图 5.16(a)是基于控制 TiO₂ 和 N-0.2 TiO₂ 的平面钙钛矿太阳能电池的稳定性测试,从图中可以看出,基于 N-0.2 TiO₂ 的电池的稳定性更好,在黑暗环境中储存 1400 h 后仍可保持初始 PCE 的 80%,且基于 N-0.2 TiO₂ 的电池的 PCE 始终高于基于控制 TiO₂ 的电池的 PCE。图 5.16(b)显示了保持 V_{mp}(最大功率点处的电压)为 0.8 V 时的基于 N-0.2 TiO₂ 的电池的稳态测试结果。从图中可以看出,其光电流密度迅速上升,然后保持在最大值 19.04 mA/cm²,表明基于 N-0.2 TiO₂

的电池具有良好的工作稳定性，稳态下的 PCE 为 15.23%，与 *J-V* 测试所得结果（15.58%）一致。

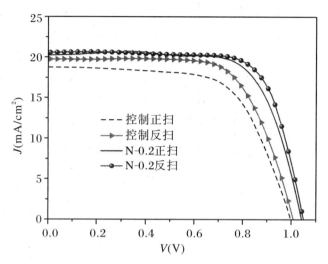

图 5.15　基于控制 TiO₂ 和 N-0.2 TiO₂ 的平面钙钛矿太阳能电池的正反扫 *J-V* 曲线

表 5.4　基于控制 TiO₂ 和 N-0.2 TiO₂ 的平面钙钛矿太阳能电池的光伏性能参数

样品	J_{sc}(mA/cm²)	V_{oc}(V)	FF	PCE	迟滞指数
控制（正扫）	18.65	1.00	0.64	12.01%	
控制（反扫）	19.70	1.01	0.67	13.59%	0.063
N-0.2(正扫)	20.31	1.05	0.70	14.43%	
N-0.2（反扫）	20.50	1.06	0.70	15.58%	0.019

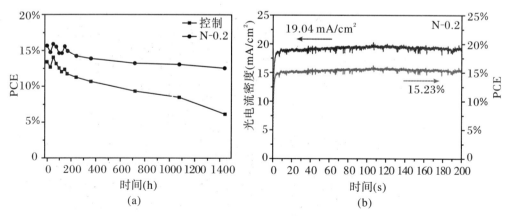

(a)　　　　　　　　　(b)

图 5.16　基于控制 TiO₂ 和 N-0.2 TiO₂ 的平面钙钛矿太阳能电池的稳定性测试以及基于
　　　　N-0.2 TiO₂ 的平面钙钛矿太阳能电池的稳态测试

本 章 小 结

本章探讨了在 TiO_2 上旋涂 NaCl 对 $MAPbI_3$ 光吸收层的影响,同时还探究了相应电池的光伏性能。具体结论如下:

(1) 采用旋涂法将 NaCl 成功地涂覆到 TiO_2 上,且随着 NaCl 旋涂液浓度的增加,TiO_2 上 NaCl 的含量增加,旋涂完 NaCl 后 TiO_2 表面的化学环境发生了改变。

(2) 生长在控制 TiO_2 和 N-0.2 TiO_2 上的微米级 $MAPbI_3$ 膜都是光滑、平整、均匀的,生长在 N-0.2 TiO_2 上的 $MAPbI_3$ 晶粒尺寸更大,拥有大晶粒的 $MAPbI_3$ 膜中的晶界更少,可以有效抑制载流子在晶界处的复合。

(3) 生长在控制 TiO_2 和 N-0.2 TiO_2 上的 $MAPbI_3$ 均具有良好的结晶性,但是引入 NaCl 后,生长在 N-0.2 TiO_2 上的 $MAPbI_3$ 的 XRD 中的衍射峰往大角度方向偏移,这是因为引入 NaCl 后 $MAPbI_3$ 的晶胞尺寸减小了。

(4) NaCl 可以调控 $MAPbI_3$ 的带隙,随着 NaCl 浓度的增加,$MAPbI_3$ 的带隙逐渐增大,当 NaCl 浓度为 0.2 mmol/mL 时,TiO_2 和 $MAPbI_3$ 的能带匹配更优,更利于电子的传输。

(5) 基于 N-0.2 TiO_2 的平面钙钛矿太阳能电池的光伏性能最佳,PCE 为 15.58%,与基于控制 TiO_2 的电池的 13.59% 相比,提高了 15%。在制备的所有电池中,光伏性能最优的一块电池的 PCE 达到了 17.32%,相应的 J_{sc} 为 23.55 mA/cm^2,V_{oc} 为1.04 V,FF 为 0.70。

第 6 章 多功能多位点界面缓冲层分子提升钙钛矿太阳能电池光电转换效率和稳定性

6.1 引　言

作为最有前途的第三代太阳能电池,钙钛矿太阳能电池已经取得了 26.1% 的认证光电转换效率,可以与硅太阳能电池的光电转换效率相媲美,是光伏市场上的一宝贵资源。[48]然而,薄膜质量差、严重的界面非辐射复合以及界面应力阻碍了其光电转换效率的进一步提高。[49-51]与此同时,这些问题也导致电池稳定性降低。[52-53]因此,解决上述问题是实现钙钛矿太阳能电池商业化的关键。

二氧化锡(SnO_2)作为一种有潜力的电子传输材料已经展现出卓越的性能,目前大多数高效钙钛矿太阳能电池是都以 SnO_2 为电子传输层。[54-56]SnO_2 层通常采用旋涂工艺制备,而在该工艺下的薄膜中会有缺陷,特别是氧空位缺陷,这些缺陷可能会成为非辐射复合位点。[57-59]因此,如何减少氧空位缺陷并进一步改善 SnO_2 膜的质量非常重要。改善 SnO_2 膜质量的常见策略包括添加剂策略和界面修饰策略。[60-62]例如,Xiong 等人使用双胍盐酸盐作为缓冲层修饰埋藏界面。[63]结果表明,缓冲层显著提高了界面的电子提取率,且有助于获得更高质量的钙钛矿膜。同时,各功能层的能级更匹配。最终电池的开路电压高达 1.19 V,并获得了超过 24% 的光电转换效率。Bi 等人尝试使用吉拉尔特试剂作为 SnO_2 的添加剂,通过改善 SnO_2 的性能来提高电池的性能。引入添加剂可以提高电池稳定性,且更加容易获得高质量的钙钛矿膜,最终电池实现了超过 21% 的光电转换效率。[64]此外,在减少非辐射复合位点的同时,还应改善能级排列,这也将有益于载流子的传输。[65-67]

钙钛矿膜质量是影响电池光电转换效率和稳定性的另一个因素。[68]据报道,水和氧气通过攻击膜中的缺陷位点加速了电池的失效。[69-70]一些策略已被提出以改善钙钛矿膜质量,如添加剂工程、溶剂工程、界面工程和反溶剂工程。[71-73]其中界面工程是一种简单有效的策略。一方面,通过改变基底的性质,可以显著改善膜的质量[74-76]；另一方面，变化后的基底可以释放膜的应力，从而延缓电池的失效。[77]
此外，界面工程还加强了各功能层之间的连接，阻止了电池的失效。基于以上考
虑，迫切需要找到合适的界面修饰材料来提高电池的性能。

　　本章中开发了一种名为对硝基苯甲酸乙酯（EPN）的新型界面缓冲材料，以改
善电子传输层和钙钛矿光吸收层之间界面的性能。实验证明，EPN 可以同时在电
子传输层和钙钛矿光吸收层之间产生强烈的化学作用，有效地钝化了膜缺陷并增
强了界面连接。同时，柔性的 EPN 还可以有效释放界面应力。此外，由于添加了
EPN，界面非辐射复合也得到显著抑制。最终，引入缓冲层的钙钛矿太阳能电池实
现了 23.16%的光电转换效率，电池的稳定性（光照稳定性、湿度稳定性和温度稳定
性）也得到了改善。

6.2　实　验　部　分

6.2.1　材料

　　由 Thermo Scientific 提供的 SnO$_2$ 胶体前驱液（15% 水胶体分散液）。由
Advanced Election Technology CO., Ltd. 提供的二溴化铅（PbBr$_2$，99.9%）、甲
脒盐酸盐（FAI，99.9%）、双三氟甲烷磺酰亚胺锂（Li-TFSI，99%）、
Spiro-OMeTAD（99.86%）、碘化铅（PbI$_2$，99.99%）、碘化铯（CsI，99.99%）、氯化
铅（PbCl$_2$，99.99%）、甲胺盐酸盐（MACl，99.5%）和 4-叔丁基吡啶（tBP，99%）。
由 Aladdin 提供的碘化铷（RbI）。由 Sigma Aldrich 提供的 N,N-二甲基甲酰胺
（DMF，99.8%）、二甲基亚砜（DMSO，99.9%）和氯苯（CB，99.8%）。由东京化学
工业有限公司提供的对硝基苯甲酸乙酯（EPN）。

　　所有化学试剂均按原样使用，无须进一步纯化。

6.2.2　电池制备

　　ITO 导电玻璃用去离子水、乙醇和丙酮分别超声清洗 15 min。经氮气吹干
后，用紫外臭氧（UV-O$_3$）处理 25 min。

　　SnO$_2$ 胶体溶液通过将 SnO$_2$ 胶体前驱液与去离子水按体积比 1∶3 混合配制
而成。

　　在 ITO 基底上以 3000 r/min 的转速旋涂前面配制好的 SnO$_2$ 胶体溶液 30 s，

然后在 150 ℃下退火 30 min。冷却至室温后,进行 20 min 的紫外臭氧处理。用 EPN 修饰 SnO_2 膜的方法如下:先将不同浓度的 EPN 溶于乙醇中并搅拌 2 h,然后在已冷却的 SnO_2 膜上以 5000 r/min 的转速旋涂 EPN 溶液 30 s,并在 100 ℃下退火 10 min。

然后将基底置于充满氩气的手套箱中,进行钙钛矿膜的制备。钙钛矿 $(Rb_{0.02}(FA_{0.95}Cs_{0.05})_{0.98}PbI_{2.91}Br_{0.03}Cl_{0.06})$ 前驱液通过将 PbI_2(682.7 mg)、$PbBr_2$(8.5 mg)、RbI(6.6 mg)、$PbCl_2$(12.7 mg)、CsI(19.7 mg)、FAI(248.2 mg)和 $MACl$(35 mg,添加剂)溶解于 DMSO/DMF(1:4,体积比)混合物中配制而成。使用顺序旋涂法在 4000 r/min 的转速下旋涂钙钛矿前驱液 30 s,然后在钙钛矿膜上滴加 100 μL 的 CB 反溶剂,保持 15 s,接着在 130 ℃下退火 30 min。

将 72.3 mg Spiro-OMeTAD、28.8 μL 4-叔丁基吡啶(tBP)和 17.5 μL 双三氟甲烷磺酰亚胺锂(Li-TFSI)溶液(520 mg Li-TSFI 溶于 1 mL 乙腈中)混合制备 Spiro-OMeTAD 溶液。然后,在 4000 r/min 的转速下旋涂 20 μL Spiro-OMeTAD 溶液在钙钛矿膜上形成空穴传输层。

最后,使用掩膜版,在 Spiro-OMeTAD 上真空蒸镀 100 nm 的银对电极。

6.2.3 表征

本章使用带有 Cu $K_α$ 射线的 PANalytical Empyrean 衍射仪测试了掠入射 X 射线衍射(GIXRD)图谱。使用带有 150 W 氙灯的太阳光模拟器和 Keithley 2400 数字电源表测试了 J-V 曲线。通过使用黑色金属掩膜版,将电池的有效活动面积定义为 0.1 cm^2。使用单色氙灯(Bunkouki CEP-2000SRR)记录了入射单色光子-电子转化效率(IPCE)图谱。使用 Agilent 8453 UV-vis G1103A 分光光度计测试了 UV-vis 吸收光谱。在 SEM(Quattro S)上进行膜形态的观察。使用 Nicolet iS50 红外傅里叶变换显微镜记录了 FTIR 谱。使用 Jasco FP6500 荧光光谱仪测试了光致发光(PL)光谱和时间分辨光致发光(TRPL)光谱。使用 X 射线光电子能谱仪(Thermo Fischer, ESCALAB 250Xi)进行了 XPS 分析。在分析室中,真空度为 $8×10^{-10}$ Pa,激发源为 Al $K_α$ 射线($hν = 1486.6$ eV),工作电压为 12.5 kV,根据 C 1s 的能量标准进行电荷校正。通过 PAIOS 在 ITO/SnO_2/(EPN)/钙钛矿/Spiro-OMeTAD/Ag 结构中进行了 TPC、TPV、IMPS、IMVS 和内建电势测试,并使用 PAIOS 的附属软件进行了拟合。使用 Perdew-Burke-Ernzerhof(PBE)GGA 交换相关函数进行了密度泛函(DFT)的计算[78],所有计算均使用高斯增广平面波双基组中的 CP2K 包进行,使用 CP2K 代码中实现的分子优化 MOLOPT 双 ζ 价极化基组,该基组在气相和冷凝相中具有非常小的基组叠加误差。[79]网格截止是 450 Ry。使用 Broyden-Fletcher-Goldfarb-Shanno 算法(BFGS)对结构进行了最小化。

6.3　结果与讨论

钙钛矿太阳能电池的结构如图 6.1(a)所示。为提高电子传输层以及电池的性能,引入了 EPN 来修饰 SnO_2 和钙钛矿($Rb_{0.02}(FA_{0.95}Cs_{0.05})_{0.98}PbI_{2.91}Br_{0.03}Cl_{0.06}$)之间的界面,如图 6.1(b)所示。EPN 的分子结构如图 6.2 所示。引入 EPN 的目的如下:第一,预计羰基(—C $=$ O)通过静电吸引与 Pb^{2+} 或 Sn^{4+} 配位,从而对 SnO_2/钙钛矿界面的阳离子缺陷进行钝化,提高功能层的质量。第二,硝基(—NOO)作为典型的吸电子固体基团,预计通过协同反应与孤立的 Pb^{2+} 发生相互作用。[80-82]Deng 等人报道了一种简单的钝化分子,即 4-硝基邻苯二甲腈(4NPN),其 σ-π 受体硝基(—NOO)和氰基(—CN)可以缓解钙钛矿膜中带电缺陷的影响。在 PSC 的钙钛矿光吸收层中添加缺电子的 4NPN 可提升其 V_{oc} 和 FF,最终获得超过 22% 的高 PCE,并且提高了电池的环境稳定性。这些提升归因于强极化的硝基/氰基对钙钛矿膜中缺陷的有效钝化。[83]第三,长烷基链也有助于缓解界面应力,提高钙钛矿膜的生长质量。[84-86]作为界面修饰剂,有机化合物可以在提高界面连通性的同时对钙钛矿膜的缺陷进行钝化已被广泛证明。

EDS 用于揭示 SnO_2 层上 EPN 的存在。如图 6.3 所示,N 元素作为 EPN 的特征元素,可以在 SnO_2 表面被检测到,证明 EPN 存在于 SnO_2 表面。X 射线光电子能谱揭示了 SnO_2 与 EPN 之间的化学相互作用。如图 6.4 和图 6.1(c)所示,经 EPN 修饰后 SnO_2 的 Sn $3d_{3/2}$(495.22 eV)和 Sn $3d_{5/2}$(486.77 eV)峰的结合能分别向更低的结合能 494.88 eV 和 486.43 eV 偏移,表明 Sn 周围的电子云密度增加。这种电子云密度的增加会导致 Sn 的价态降低,额外的电子来源于 EPN 的—X $=$ O(X 为 N 或 C),这表明 EPN 与 SnO_2 之间存在强化学相互作用。图 6.1(d)显示了 EPN 和 SnO_2/EPN 中 C 1s 轨道的结合能。EPN 沉积在 SnO_2 上时,C—O—C 峰以及 C $=$ O 峰发生了明显偏移,表明 SnO_2 和 EPN 之间存在化学相互作用。此外,对于 O 1s 的 XPS 图谱,可以在 SnO_2 以及 SnO_2/EPN 中观察到非对称的光谱轮廓(图 6.1(e))。两个样品的 O 1s 峰被分解为两个峰。其中较低结合能的峰可以归因于 SnO_2 中的 Sn—O—Sn(O_L,晶格氧),而较高结合能的峰则归因于氧空位(O_V)或表面吸附的羟基(O_{-OH})。$O_{V或—OH}$ 的峰面积占比(氧空位率)通过

$$S_{O_{V或—OH}}/(S_{O_L}+S_{O_{V或—OH}})$$

估算,其中 $S_{O_{V或—OH}}$ 和 S_{O_L} 分别表示 $O_{V或—OH}$ 和 O_L 的峰面积。如图 6.1(f)所示,经 EPN 修饰后 SnO_2 的该比值为 0.24,低于纯 SnO_2 的 0.38。该结果表明,EPN 可以有效填充 SnO_2 的氧空位,因此引入的 EPN 有望提高电池的性能。此外,本章还进

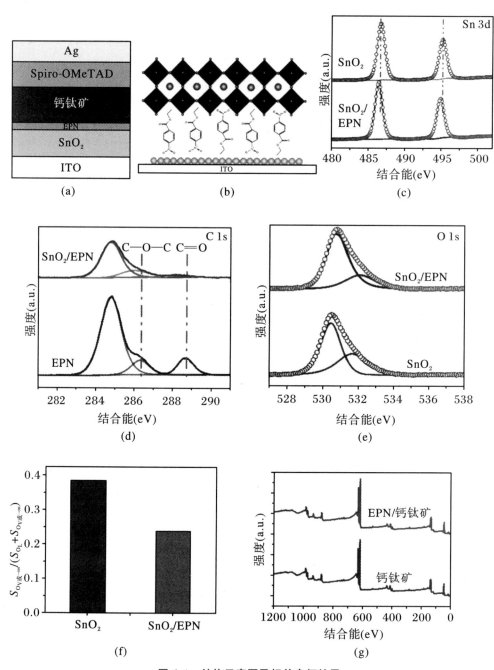

图 6.1　结构示意图及相关表征结果

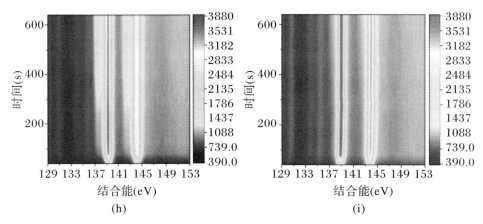

图6.1　结构示意图及相关表征结果(续)

(a) 本章使用的钙钛矿太阳能电池的结构示意图;(b) ITO/SnO₂/EPN/钙钛矿的示意图;
(c)～(e) SnO₂、EPN 以及 SnO₂/EPN 的 Sn 3d C 1s 和 O 1s XPS 图谱;(f) SnO₂ 以及 SnO₂/
EPN 的氧空位率;(g) 钙钛矿和 EPN/钙钛矿的完整 XPS 光谱;(h)和(i) ITO/SnO₂/钙
钛矿和 ITO/SnO₂/EPN/钙钛矿中 Pb 4f 的 XPS 深度相关图谱,纵轴表示蚀刻时间

图6.2　界面修饰材料 EPN 的分子结构

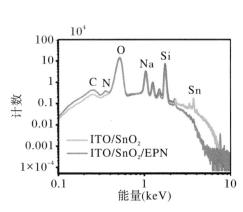

图6.3　ITO/SnO₂ 和 ITO/SnO₂/EPN
的 EDS 测试

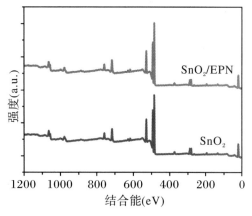

图6.4　SnO₂ 和 SnO₂/EPN 的
全 XPS 光谱

行了 Pb 4f 的深度相关 XPS 测试,以证明 EPN 与钙钛矿之间的化学相互作用。如图 6.1(g)~(i)所示,纯钙钛矿图谱中 138.6 eV 处的峰和 143.5 eV 处的峰对应于 Pb 4f$_{7/2}$ 和 Pb 4f$_{5/2}$ 的结合能。经 EPN 修饰后,两个峰向较低结合能方向偏移了 150 meV,证明了 Pb^{2+} 从 EPN 中获得电子,未配位的 Pb^{2+} 可以被有效钝化。此外,对于未经 EPN 修饰的样品,观察到的 137.12 eV 和 142.3 eV 处的两个结合能峰,对应于铅。[87]值得注意的是,与钙钛矿膜中的阳离子和碘离子空位相关的就是铅。总之,EPN 与 SnO$_2$ 和钙钛矿之间存在强烈的化学相互作用,可以有效地钝化膜中存在的空位等缺陷,从而提高膜的质量。

接着进行了第一性原理密度泛函理论(DFT)计算,以研究 EPN 与 SnO$_2$ 或钙钛矿之间的相互作用。这里参考之前的研究[88-89],选择了最稳定的终端 SnO$_2$(110)面进行计算。差分电荷密度图如图 6.5(a)和(b)的左图所示,EPN 中的 —C═O/C—O—C 或 —NOO 与 SnO$_2$ 表面的氧空位接触,因此构建了两种不同的接触模型。无论是哪种接触模式,在界面处都发生了显著的电荷转移,表明 EPN 可以在多个位置与 SnO$_2$ 发生强烈的化学相互作用。从映射在横轴上的差分电荷密度图中能更加明显地看出这种化学转移(图 6.5(a)和(b)的右图)。通过两种接触模式可以看到,在界面(SnO$_2$/EPN)处有明显的电荷密度波动,表明电荷转移在界面上非常显著。此外,还研究了 EPN 与钙钛矿之间的化学相互作用。如图 6.5(c)和(d)所示,仍然构建了两种不同的接触模型来评估 EPN 与钙钛矿之间的化学相互作用。从图中可以看出,在 EPN 和钙钛矿的界面上存在大量的电荷转移,即 EPN 与钙钛矿之间发生了化学相互作用。总之,差分电荷密度图揭示了 EPN(多个位置)与 SnO$_2$ 或钙钛矿之间的强烈化学相互作用,这与 XPS 的结果相符。

此外,通过公式

$$E_b = E(EPN) + E(SnO_2 \text{ 或钙钛矿}) - E(SnO_2/EPN \text{ 或 } EPN/\text{钙钛矿})$$

计算了 EPN(不同接触模式)与 SnO$_2$ 或钙钛矿之间的结合能(E_b)。其中 $E(EPN)$、$E(SnO_2$ 或钙钛矿)和 $E(SnO_2/EPN$ 或 $EPN/$钙钛矿)分别表示 EPN、SnO$_2$ 或钙钛矿表面以及它们的异质结系统的总能量。[90]如图 6.5(e)所示,SnO$_2$ 和 EPN 之间的 E_b 分别为 1.040 eV 和 0.688 eV,EPN 和钙钛矿之间的 E_b 分别为 1.614 eV 和 0.450 eV。这个结果证明了,EPN(EPN1 或 EPN2)在所有接触模式都能够与 SnO$_2$ 和钙钛矿形成稳定的系统。

这种强烈的化学相互作用促使我们揭示 EPN 对钙钛矿膜的影响,因此测试了经或未经 EPN 修饰的钙钛矿膜的 UV-vis 吸收光谱,如图 6.6 所示。从图中可以观察到,与控制样品(沉积在 SnO$_2$ 上的钙钛矿膜)相比,目标样品(沉积在 SnO$_2$/EPN 上的钙钛矿膜)的吸光度略有增加。接着通过 Tauc 图计算了钙钛矿膜的带隙(E_g)(图 6.7),所有样品的 E_g 均为 1.55 eV。此外,还进一步进行了钙钛矿溶液的接触角测试。如图 6.8 所示,在引入 EPN 后,接触角从 16°(ITO/SnO$_2$)减

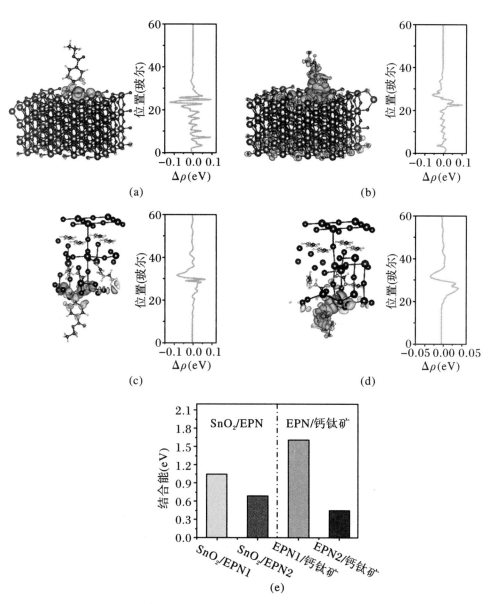

图 6.5　差分电荷密度及 SnO₂/EPN 和 EPN/钙钛矿之间的结合能

(a) SnO₂/EPN 与—NOO 连接处的差分电荷密度;(b) SnO₂/EPN 与—C =O 和 C—O—C 连接处的差分
电荷密度;(c)和(d)分别显示 EPN/钙钛矿与—NOO 和—C =O/C—O—C 连接处的差分电荷密度;(a)~
(d)中的横轴表示差分电荷密度;(e) SnO₂/EPN 和 EPN/钙钛矿之间的结合能,其中 EPN1 代表与—NOO
的连接,EPN2 代表与—C =O/C—O—C 的连接

小到了 9°(ITO/SnO$_2$/EPN),这说明引入 EPN 有望改善钙钛矿膜的形貌。因此,我们通过扫描电子显微镜(SEM)研究了在 ITO/SnO$_2$ 或 ITO/SnO$_2$/EPN 上沉积的钙钛矿膜(控制钙钛矿膜或目标钙钛矿膜)的形貌,如图 6.9(a)和(b)所示。可以明显看出,与控制钙钛矿膜相比,目标钙钛矿膜具有更大尺寸晶粒(图 6.10)。且正如在图 6.9(c)和(d)的截面 SEM 图像中所展示的那样,在控制钙钛矿膜中可以观察到明显的孔洞。我们通过 UV-vis 吸收光谱研究了钙钛矿膜在退火过程中的结晶过程。与控制钙钛矿膜相比,目标钙钛矿膜在相同的退火时间下显示出更强的吸收信号(图 6.11)。同时,在初始退火过程中,控制钙钛矿膜(未经 EPN 修饰)显示出强烈的 UV-Vis 吸收信号,而目标钙钛矿膜(经 EPN 修饰)则没有。这个结果表明,EPN 会延缓结晶过程,有利于钙钛矿膜的晶粒尺寸的增大。

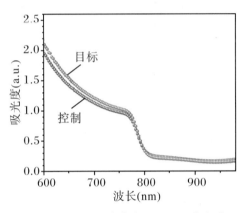

图 6.6 钙钛矿膜的 UV-vis 吸收光谱

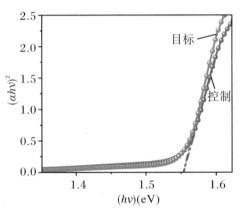

图 6.7 从 UV-vis 吸收光谱得到的控制样品和目标样品钙钛矿膜的 Tauc 图

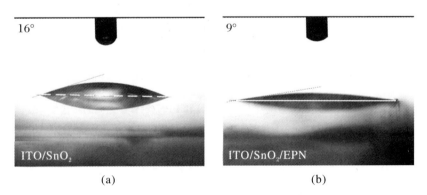

(a)   (b)

图 6.8 沉积在 ITO/SnO$_2$ 和 ITO/SnO$_2$/EPN 上的钙钛矿溶液的接触角

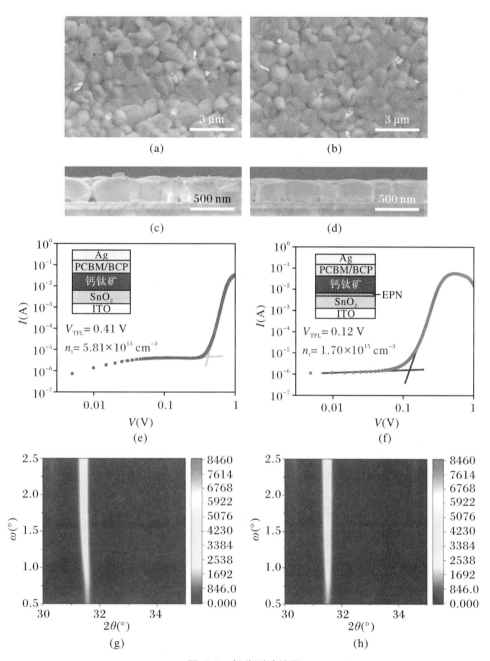

图 6.9 部分测试结果

(a) 控制钙钛矿膜和(b) 目标钙钛矿膜的正面 SEM 图像;(c) 控制钙钛矿膜和(d) 目标钙钛矿膜的截面
SEM 图像;(e) 和(f) 电池的暗电流-暗电压(I-V)曲线,对应的结构分别为 ITO/SnO₂/钙钛矿/PCBM/
BCP/Ag 和 ITO/SnO₂/EPN/钙钛矿/PCBM/BCP/Ag;(g) ITO/SnO₂/钙钛矿和(h) ITO/SnO₂/EPN/
钙钛矿的深度依赖 GIXRD 图谱

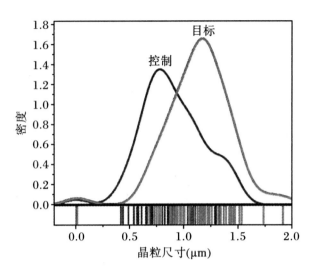

图 6.10 钙钛矿膜的晶粒尺寸统计图

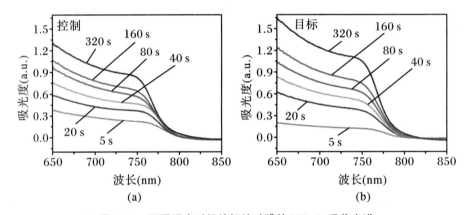

图 6.11 不同退火时间的钙钛矿膜的 UV-vis 吸收光谱

此外,本章还进行了 PL 光谱和 TRPL 光谱测试。如图 6.12 所示,玻璃/EPN/钙钛矿显示出比玻璃/钙钛矿更高的荧光强度。通过 TRPL(图 6.13)测试了钙钛矿膜的载流子寿命,测试结构为玻璃/有或无 EPN/钙钛矿。TRPL 光谱图可以通过双指数衰减方程

$$I(t) = I_0 + A_1\exp(-t/\tau_1) + A_2\exp(-t/\tau_2)$$

进行拟合,其中 A_1 和 A_2 分别代表快速和慢速衰减过程的衰减幅度,τ_1 和 τ_2 分别是快速和慢速衰减过程的时间常数。平均载流子寿命(τ_{ave})通过方程

$$\tau_{ave} = (A_1\tau_1^2 + A_2\tau_2^2)/(A_1\tau_1 + A_2\tau_2)$$

进行计算。相应的拟合数据如表 6.1 所示。与玻璃/钙钛矿的载流子寿命($\tau_{ave} = 122.529$ ns)相比,玻璃/EPN/钙钛矿的载流子寿命($\tau_{ave} = 228.10$ ns)明显地提高了。接着采用空间电荷限制电流(SCLC)测试定量计算了钙钛矿膜的缺陷密度。

图 6.9(e) 和(f) 展示了 ITO/SnO₂/钙钛矿/PCBM/BCP/Ag 结构和 ITO/SnO₂/
EPN/钙钛矿/PCBM/BCP/Ag 结构电池的典型暗电流-暗电压(I-V)曲线。通过
方程

$$n_{\mathrm{t}} = (2\varepsilon\varepsilon_0 V_{\mathrm{TFL}})/(eL^2)$$

计算了缺陷密度,其中 ε_0 是真空介电常数,ε 是钙钛矿的介电常数,V_{TFL} 是通过拟
合暗电流-暗电压曲线得到的陷阱填充极限电压,e 是元电荷,L 是钙钛矿膜的厚
度。控制钙钛矿膜的缺陷密度约为 5.81×10^{15} cm^{-3},远高于目标钙钛矿膜的
1.70×10^{15} cm^{-3}。

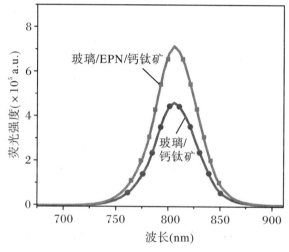

图 6.12　钙钛矿膜的 PL 光谱图

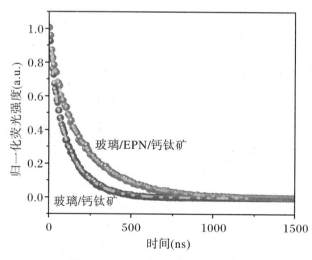

图 6.13　钙钛矿膜的 TRPL 光谱图

表 6.1　钙钛矿膜 TRPL 光谱图的拟合结果

	玻璃/钙钛矿	玻璃/EPN/钙钛矿
τ_1(ns)	32.511	68.436
拟合误差	0.234%	0.241%
τ_2(ns)	129.850	243.453
拟合误差	0.729%	0.704%
τ_{ave}(ns)	122.529	228.096

　　为了更深入地理解界面修饰对膜质量的提高,这里采用了掠入射 X 射线衍射(GIXRD)来研究界面(SnO₂/钙钛矿)处的应力状况。众所周知,界面的应力会导致膜开裂并增加产生孔洞的概率,还会影响膜的结晶特性,从而增加缺陷。我们进行了不同入射角(ω)的实验。随着 ω 的增加,可以收集到更深层次的膜信号。如图 6.9(g)、(h)和图 6.14 所示,ITO/SnO₂/钙钛矿的峰位置随着 ω 的增加而显著移动,而 ITO/SnO₂/EPN/钙钛矿中峰的位置几乎没有变化。根据布拉格定律,我们评估了垂直方向上钙钛矿膜的晶面间距(d)。在这里,选择了文献报道的高角衍射峰。[91-93]如图 6.15 所示,对于控制钙钛矿膜(ITO/SnO₂/钙钛矿),随着 ω 的增加,d 也增加;而对于目标钙钛矿膜(ITO/SnO₂/EPN/钙钛矿),在 ω 增加时,d 并没有显著增加。这个结果表明,控制钙钛矿膜中存在残余的拉伸应力,而目标钙钛矿膜的应力几乎被释放,证明了钙钛矿膜中作用于未配位 Pb^{2+} 的钝化剂可以有效释放应力。此外,EPN 上的长链也有助于释放应力。[94-95]

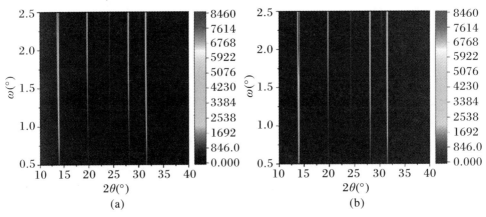

图 6.14　结构为 ITO/SnO₂/钙钛矿和 ITO/SnO₂/EPN/钙钛矿的膜的深度依赖 GIXRD 图谱

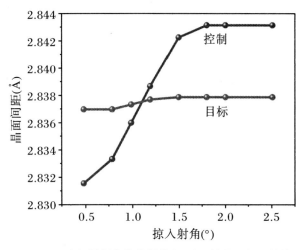

图 6.15　随入射角变化获得的{001}面的晶面间距数值

接下来,使用了一些有效的表征技术来深入研究经或未经 EPN 修饰的界面处的载流子传输。首先进行了 PL 和 TRPL 测试,如图 6.16(a)和图 6.17 所示,目标钙钛矿膜(ITO/SnO$_2$/EPN/钙钛矿)的荧光强度低于控制钙钛矿膜(ITO/SnO$_2$/钙钛矿),这意味着引入 EPN 后载流子传输得到改善。TRPL 结果(表 6.2)还表明,与控制钙钛矿膜(10.801 ns)相比,目标钙钛矿膜的载流子传输(6.434 ns)得到了改善。接着使用瞬态光电流(TPC)测试了经过或未经 EPN 修饰的电池的电荷传输。如图 6.16(b)所示,在将 EPN 引入 SnO$_2$/钙钛矿界面后,载流子寿命从 1.89 μs 减小到 1.56 μs,这证明在引入 EPN 充当缓冲层后,界面处的载流子传输确实得到了改善。此外,还测试了控制电池和目标电池的莫特-肖特基(Mott-Schottky)曲线,以确定载流子传输改善的根源。显然,经过 EPN 修饰后,内建电位(V_{bi})显著增加,如图 6.18 所示。由于电池工作过程中的驱动力来自电势差,更大的 V_{bi} 更有利于载流子传输。同时,更匹配的能级也有益于载流子传输。这里评估了经过或未经 EPN 修饰电池的能级。如图 6.16(c)和图 6.19 所示,SnO$_2$ 和 SnO$_2$/EPN 的价带最大值(VBM)分别为 -8.64 eV 和 -8.49 eV。此外,导带最小(CBM)值分别为 -4.62 eV 和 -4.47 eV(SnO$_2$ 的带隙来自之前的研究)。正如之前的研究报道的,0.2~0.3 eV 的能级偏移对于促进载流子传输更有利。接着进行了强度调制光电流谱(IMPS)和强度调制光电压谱(IMVS)测试(图 6.20),以计算电荷收集效率(η_{cc}),其公式为 $\eta_{cc} = 1 - \tau_{tr}/\tau_{rec}$。此外,电子复合寿命($\tau_{rec}$)和电子传输寿命($\tau_{tr}$)可以通过以下方程计算:

$$\tau_{rec} = 1/(2\pi f_{IMVS})$$

$$\tau_{tr} = 1/(2\pi f_{IMPS})$$

最终,目标电池显示出 83.0%的较高 η_{cc},而控制电池为 54.4%。通过测试霍尔效

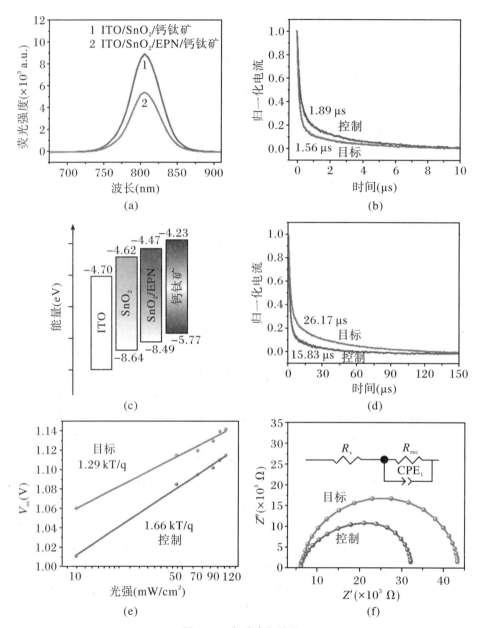

图 6.16 部分表征结果

（a）ITO/SnO₂/钙钛矿 和 ITO/SnO₂/EPN/钙钛矿 的 PL 光谱；（b）经或未经 EPN 修饰（ITO/SnO₂/（EPN）/钙钛矿/Spiro-OMeTAD/Ag）的电池的 TPC 曲线；（c）本章中电池的能级图；（d）经或未经 EPN 修饰（ITO/SnO₂/（EPN）/钙钛矿/Spiro-OMeTAD/Ag）的电池的 TPV 曲线；（e）经或未经 EPN 修饰的电池的开路电压随光强变化的关系图；（f）在暗态下进行的电池的 Nyquist 图，插图为拟合所使用的等效电路图

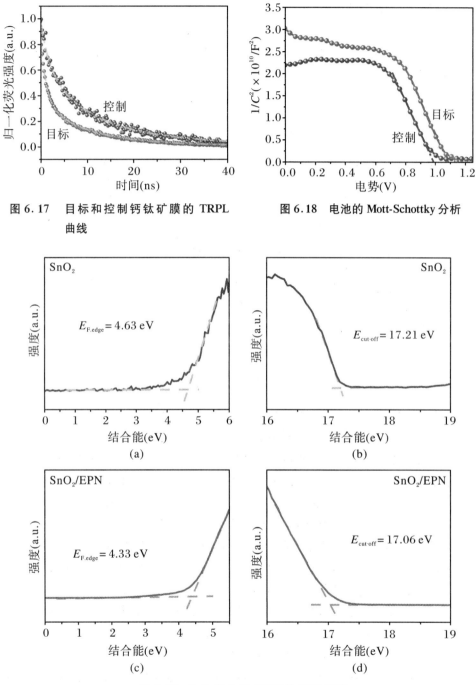

图 6.17　目标和控制钙钛矿膜的 TRPL
曲线

图 6.18　电池的 Mott-Schottky 分析

图 6.19　SnO₂ 和 SnO₂/EPN 的 UPS 光谱

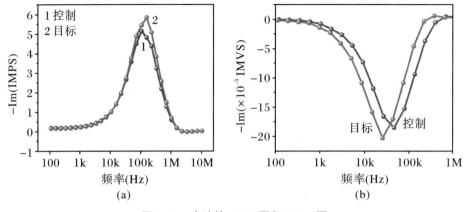

图 6.20　电池的 IMPS 图和 IMVS 图

表 6.2　沉积在 ITO/SnO$_2$ 或 ITO/SnO$_2$/EPN 上的钙钛矿薄膜 TRPL 光谱图的拟合结果

	ITO/SnO$_2$	ITO/SnO$_2$/EPN
τ_1(ns)	1.858	1.178
拟合误差	0.380%	0.518%
τ_2(ns)	11.714	8.095
拟合误差	0.590%	0.239%
τ_{ave}(ns)	10.801	6.434

应评估了经或未经 EPN 修饰的 SnO$_2$ 膜的电导率。结果表明,经 EPN 修饰的 SnO$_2$ 膜的电导率(4.24×10^{-4} S/cm)比纯 SnO$_2$ 膜(3.37×10^{-4} S/cm)更高,这可能与 SnO$_2$ 膜中氧空位缺陷的有效钝化有关。总的来说,经 EPN 修饰后,电池的电荷传输和收集变得更好,这是由于该电池具有更大的载流子迁移驱动力和更好的能级匹配。

此外,还研究了非辐射界面复合。首先通过瞬态光电压(TPV)测试来研究非辐射复合。如图 6.16(d)所示,复合时间从控制电池的 15.83 μs 增加到目标电池的 26.17 μs。更长的复合时间意味着引入 EPN 后,非辐射复合受到了抑制。拟合因子(m)也被广泛用来评估 PSC 中的载流子复合。如图 6.16(e)所示,控制电池的 m 为 1.66 kT/q,而目标电池为 1.29 kT/q,表明用 EPN 修饰可以有效抑制非辐射复合,与 TPV 结果一致。暗态下的 EIS 测试可以通过评估复合电阻(R_{rec})来表征界面复合。图 6.16(f)展示了电池的 Nyquist 图,该图是在暗态下以开路电压(V_{oc})为偏压测试得到的。拟合后可以看到明显的半圆,并且可以得到 R_{rec}。目标电池相较于控制电池,半圆的半径显著增加,这表明目标电池的 R_{rec} 比控制电池大(表 6.3)。较大的 R_{rec} 意味着非辐射复合更难发生。被抑制的非辐射复合可以归因于界面接触的改善、膜质量的提高以及更匹配的能级排列,这些降低了由缺陷诱导的非辐射复合。

表 6.3　电池的 EIS 拟合参数

电子传输层	$R_s(\Omega)$	$R_{rec}(k\Omega)$
SnO_2	8.93	31.4
SnO_2/EPN	8.41	41.8

由于经 EPN 修饰,可以降低膜缺陷密度、改善载流子传输和抑制非辐射复合,我们进一步研究了 EPN 修饰对电池的影响。我们制备了结构为 ITO/SnO_2/(EPN)/$Rb_{0.02}(FA_{0.95}Cs_{0.05})_{0.98}PbI_{2.91}Br_{0.03}Cl_{0.06}$/Spiro-OMeTAD/Ag 的电池,并探究了 EPN 的不同添加浓度对电池的性能的影响,以找到最佳浓度。图 6.21(a)和图 6.22 是使用不同浓度 EPN 制备的电池的光伏性能参数。显然,在一定浓度范围内,所有光伏性能参数随着 EPN 浓度的增加而增加。当 EPN 浓度为 0.5 mg/mL时,获得了最佳光伏性能参数。与控制电池相比,目标电池(0.5 mg/mL)显示出较高的短路电流密度(J_{sc}),这可以归因于降低的串联电阻(如 EIS 测试所示)和轻微增强的 UV-vis 吸收光谱。此外,提高的 FF 和 V_{oc}主要归功于优化的钙钛矿膜质量、降低的膜缺陷密度和非辐射复合。图 6.21(b)显示了最佳控制和目标电池的 J-V 曲线。最佳控制电池的正扫(FS)和反扫(RS)J_{sc}分别为 23.52 mA/cm² 和23.97 mA/cm²,V_{oc}分别为 1.075 V 和 1.085 V,FF 分别为 77.3% 和 78.5%,PCE分别为 19.54% 和 20.42%。而目标电池的正扫(FS)和反扫(RS)J_{sc}分别为24.32 mA/cm² 和24.58 mA/cm²,V_{oc}分别为 1.125 V 和 1.152 V,FF 分别为 81.4%和 81.8%,PCE 分别为 22.27% 和 23.16%。

接着进行了不同修饰分子的电池的光伏性能对比实验(图 6.23),以证明 EPN是更具竞争力的(无论是多活性位点钝化还是长链释放应力)。结果表明,与其他分子修饰的电池相比,EPN 修饰的电池显示出最佳性能。如图 6.24 和图 6.25 所示,DFT 结果表明,尽管所有对比分子在与 SnO_2 或钙钛矿接触后都显示出电荷转移,但NB 和 4NBL 并未显示出明显的多功能钝化效应。此外,pDL 与 SnO_2 或钙钛矿的结合能也小于 EPN 与 SnO_2 或钙钛矿的。这一结果再次证明了 EPN 在多位点钝化和缓解应力方面的优势。图 6.21(c)显示了控制电池和目标电池的入射单色光子-电子转化效率(IPCE)曲线。根据 IPCE 曲线计算得到的控制电池的积分电流密度为 23.68 mA/cm²,目标电池为 24.21 mA/cm²,与 J-V 曲线中的 J_{sc}一致。需要注意的是,经 EPN 修饰后 IPCE 曲线的峰形状发生了变化。由于本章中钙钛矿膜的厚度相同,因此可以推断除了膜厚度之外,其他因素也会影响 IPCE 曲线的峰形状。从本章的实验结果推测,载流子提取的改善和界面非辐射复合的抑制导致了 IPCE 曲线峰形状的变化。最后,通过公式

$$HI = (PCE_{RS} - PCE_{FS})/PCE_{RS}$$

计算了迟滞指数(HI),其中 PCE$_{RS}$和 PCE$_{FS}$分别代表反扫和正扫中的 PCE。如图 6.26 所示,经 EPN 修饰后,平均 HI 大大降低。

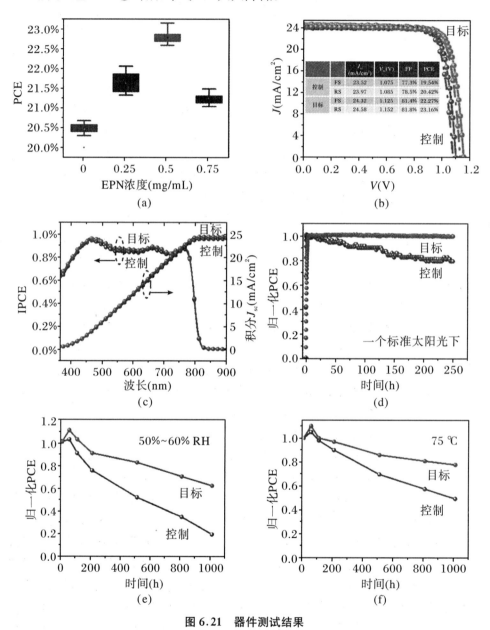

图 6.21　器件测试结果

(a) 不同浓度 EPN 制备的电池光电转换效率的统计分布图;(b) 最佳电池的 *J-V* 曲线;(c) 控制电池和目标电池的 IPCE 曲线;(d) 未封装电池的光稳定性测试;(e) 电池的湿度稳定性测试;(f) 电池的热稳定性测试

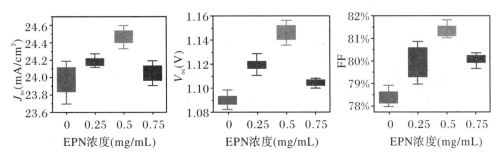

图6.22　不同浓度 EPN 修饰电池的光伏性能参数(J_{sc}、V_{oc} 和 FF)统计

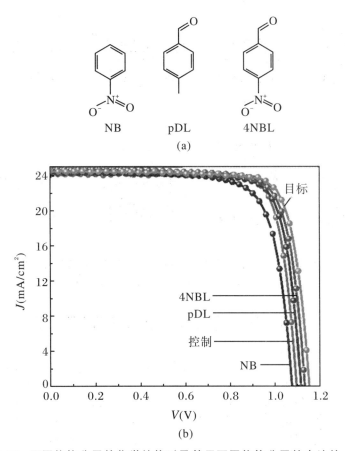

**图6.23　不同修饰分子的化学结构以及基于不同修饰分子的电池的 *J-V*
曲线**

J-V 曲线在 AM 1.5G 太阳光照射下，以 100 mW/cm² 的扫描速率进行了 FS 测试

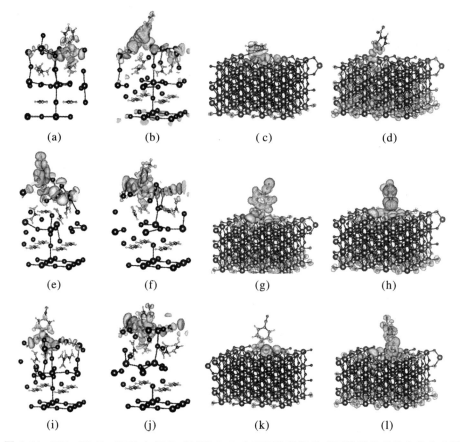

图 6.24　NB、pDL 和 4NBL 与钙钛矿以及 SnO₂ 在不同的接触模式下接触的差分电荷密度图

(a)~(d) NB；(e)~(h) pDL；(i)~(l) 4NBL

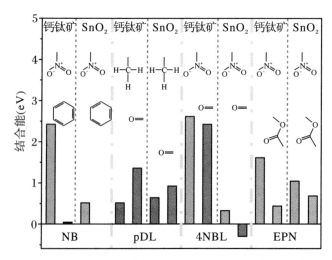

图 6.25　NB、pDL、4NBL 和 EPN 与 SnO₂ 以及钙钛矿在不同的接触模式下接触的结合能

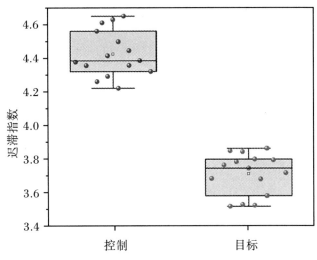

图 6.26　由 15 个电池计算得出的迟滞指数(HI)统计分布图

作为商业化的标准之一,电池的稳定性也至关重要。本章系统地测试和比较
了未封装电池在一定光照、湿度和热环境下的稳定性,分别进行了控制电池和目标
电池的测试。对于光照稳定性测试,我们将电池置于一个标准太阳光下 250 h。如
图 6.21(d)所示,目标电池保留了其初始 PCE 的 99%,而相同条件下,控制电池的
效率仅为其初始值的 78%。这个结果表明,经 EPN 修饰后,电池的光稳定性得到
了提高。图 6.21(e)是湿度稳定性测试,将未封装的电池置于相对湿度为 50%～
60%的环境下进行跟踪测试。经过 1000 h 老化后,控制电池仅保持其初始 PCE
的 20%,而目标电池保持其初始 PCE 的 62%。最后,将电池置于氮气手套箱中的
热台上,在 75 ℃下进行热稳定性测试。如图 6.21(f)所示,经过 1000 h 的热老化,
控制电池保持其初始 PCE 的 50%,而目标电池保持其初始 PCE 的 78%。总的来
说,经 EPN 修饰后,电池表现出优越的稳定性。这种改善的稳定性可以归因于
以下两点:① 改善的膜质量。过去有很多改善的膜质量可以减少水和氧的侵蚀
位点,从而提高电池的稳定性的报道。EPN 具有多功能基团($-C=O$、$-NOO$
和 $C-O-C$),可以同时钝化 SnO_2 中的氧空位和钙钛矿中的欠配位 Pb。EPN 长
链,释放了由于基底变化而引起的界面应力。[56] 已经有研究证明,巨大的应力会
导致电池产生裂纹,而这种裂纹会加速电池的失效。② 增强的界面接触。实验
结果显示,将 EPN 引入界面时,EPN 可以与 SnO_2 和钙钛矿膜形成强烈的化学相
互作用,EPN 充当桥梁将 SnO_2 和钙钛矿膜紧密连接在一起,从而增强界面接触。

本 章 小 结

本章研究一种新的界面缓冲层(EPN)成功地修饰了 SnO_2 和钙钛矿之间的界

面。实验结果表明,一方面,经 EPN 修饰后,膜的质量显著提高。此外,由于基底发生变化,钙钛矿膜的应力还得到了释放。另一方面,EPN 修饰降低了电池的界面非辐射复合,并使电池获得了更合理的能级排列。经 EPN 修饰后,电池实现了23.16%的高光电转换效率。此外,电池的稳定性也得到了显著提高,未封装的电池在光照、湿度和高温条件下表现出优越的稳定性。本章揭示了通过多活性位点钝化分子进行界面改进的机制。这可以为设计出更有效的分子(钝化薄膜缺陷并降低界面非辐射复合,从而提高电池的性能)提供有价值的指导。

第 7 章 通过原位离子交换构建界面梯度能带排列实现高效稳定的无甲胺 Dion-Jacobson 型准二维钙钛矿太阳能电池

7.1 引　言

金属卤化物钙钛矿材料因具有高光吸收系数、高载流子迁移率、长激子扩散长度、可调节的带隙、低激子结合能、低成本和溶液可加工等优点[96]，而被应用于钙钛矿太阳能电池[97]、发光二极管（LED）[98]、光电探测器[99] 等。其中钙钛矿太阳能电池受到了广泛的关注，它的光电转换效率和电池稳定性取得了巨大进展。目前，三维（3D）PSC 获得了 26.1% 的光电转换效率。[100] 然而，3D PSC 的实际应用受到 3D 钙钛矿材料较差的环境稳定性的限制。已经有研究证明，相比于 3D PSC，二维（2D）或准 2D PSC 表现出更优异的环境稳定性。[101] 在过去几年中，2D PSC 取得了巨大的研究进展。[102] 然而，与 3D PSC 26.1% 的高 PCE 相比，2D PSC 的 PCE 仍有很大的提高空间。

众所周知，用于 PSC 的两种 2D 钙钛矿材料分别是 Ruddlesden-Popper（RP）型和 Dion-Jacobson（DJ）型钙钛矿。RP 和 DJ 2D 层状钙钛矿的通用结构式分别为 $A'_2A_{n-1}B_nX_{3n+1}$ 和 $A''A_{n-1}B_nX_{3n+1}$，其中 A' 为一价有机大阳离子（如 PEA^+ 和 BA^+），A'' 为二价有机大阳离子（如 PDA^{2+}、BDA^{2+}、$PDMA^{2+}$），A 为一价小阳离子（如 MA^+、FA^+、Cs^+、Rb^+），B 为二价金属阳离子（如 Pb^{2+}、Sn^{2+}），X 为一价阴离子（如 I^-、Br^-、Cl^-、BF_4^-），n 为 $[BX_6]^{4-}$ 无机层的层数。[103] 将有机大阳离子引入钙钛矿中可以形成自然量子阱（QW），进一步形成 2D 钙钛矿，其中无机 $[BX_6]^{4-}$ 八面体层充当量子阱，而体积庞大的阳离子间隔层充当屏障。[104] 因此，大尺寸间隔层阳离子的引入不利于载流子传输。在 RP 2D 钙钛矿中，相邻无机 $[PbI_6]^{4-}$ 层之间嵌入了两层绝缘的大阳离子间隔层，而 DJ 2D 钙钛矿中仅有一层绝缘的大阳离子间隔层。因此，与 RP 2D 钙钛矿相比，预计 DJ 2D 钙钛矿具有更小的势垒和更好的载流子传输。RP 2D钙钛矿中的相邻无机[PbI$_6$]$^{4-}$层由弱的范德瓦耳斯作用连接，因此存在范德瓦耳斯间隙，而DJ 2D钙钛矿中的相邻无机层由氢键作用连接，因此不存在范德瓦耳斯间隙。由于氢键作用强于弱的范德瓦耳斯作用，因此与RP 2D钙钛矿相比，预计DJ 2D钙钛矿具有更好的结构稳定性。[105]总之，与RP 2D钙钛矿相比，DJ 2D钙钛矿在载流子传输和结构稳定性方面更具优势。换句话说，与RP 2D PSC相比，DJ 2D PSC在实现更高的光电转换效率和更好的稳定性方面更具潜力。事实上，与RP 2D PSC相比，DJ 2D PSC具有更高的光电转换效率和更好的稳定性已被证实。[106-107]然而，目前报道的DJ 2D PSC的最高光电转换效率远远低于3D PSC的。[108]因此，迫切需要进一步提高DJ 2D PSC的光电转换效率。

目前，对于大多数报道的2D钙钛矿，由于引入了有机大阳离子而带隙过大，这对光吸收和实现高电流密度不利。因此，通过调节组分来缩小带隙是必要的。本章建议用FA$^+$阳离子取代2D钙钛矿中的MA$^+$阳离子，因为FA$^+$已被成功应用于3D PSC。[109-110]此外，大多数报道的2D钙钛矿包含挥发性MA$^+$阳离子，MA$^+$易在加热和光照下分解。[111-112]而用FA$^+$阳离子代替MA$^+$阳离子可以显著提高PSC的热稳定性和光稳定性已被广泛证明。[113-114]因此，在钙钛矿组分中引入FA$^+$阳离子不仅可以缩小带隙、增加光吸收率，还可以提高其热稳定性和光稳定性。尽管FA$^+$阳离子在3D PSC中已被广泛应用，但在2D PSC方面的应用还很少。本章期望制备出DJ型FA基2D PSC，以提高PSC的光电转换效率和稳定性。

严重的体相和界面载流子非辐射复合阻碍了DJ型FA基准2D PSC光电转换效率和稳定性的进一步提高。差的载流子提取和收集是造成体相和界面载流子非辐射复合的主要原因。目前，已经提出了各种策略来改善DJ 2D钙钛矿的载流子传输、提取和收集，例如开发新型有机大阳离子[115-116]、添加剂工程、工艺优化等。尽管界面工程在3D PSC领域是一种通过调节能带排列以减少界面非辐射复合损耗的非常有效的方法[117-119]，但在2D PSC，尤其是DJ 2D PSC中几乎未见报道。众所周知，梯度能带排列有利于载流子的提取和转移以及抑制载流子非辐射复合。以往，构建梯度能带排列通常是通过在3D钙钛矿膜中进行2D钙钛矿梯度分布或梯度溴掺杂（GBD）来实现的。通过调节钙钛矿前驱物组分直接实现梯度溴掺杂是困难的。幸运的是，梯度溴掺杂可以通过有机溴盐（如FABr和MABr）与过量PbI$_2$的反应，或Br$^-$和I$^-$之间的离子交换反应来实现。后者相比于前者可控性更强。离子交换反应策略已经在3D PSC领域的钙钛矿组分调节[120-121]或界面工程方面得到了广泛研究。因此，本章期待通过原位离子交换反应来调节DJ型FA基准2D PSC的能带排列，以最小化体相和界面非辐射复合。

7.2　实　验　部　分

7.2.1　材料

SnO$_2$ 胶体前驱液(15% 水胶体分散液)购自 Alfa Aesar。氯化铵(NH$_4$Cl，99.99%)购自 Aladdin。碘化铅(PbI$_2$，99.99%)和 1,4-二氨基丁烷二碘化物(BDADI，99.5%)购自西安宝莱特光电科技有限公司。Spiro-OMeTAD(99.86%)购自先进电子科技有限公司。碘甲脒(FAI)和溴甲脒(FABr)购自 Great Cell Solar。N,N-二甲基甲酰胺(DMF，99.8%)、二甲基亚砜(DMSO，99.9%)和氯苯(CB，99.8%)购自 Sigma Aldrich。

所有化学试剂在未经进一步纯化的情况下直接使用。

7.2.2　电池制备

在 ITO 导电玻璃基底上进行激光蚀刻。依次用洗涤液、去离子水和乙醇超声清洗蚀刻过的 ITO 基底 20 min。将 15%(质量分数)的 SnO$_2$ 胶体前驱液用去离子水稀释至 1.875%。然后，将 KCl 加入上述胶体溶液中，KCl 浓度为 1 mg/mL。在用紫外臭氧处理 ITO 基底 20 min 后，将 SnO$_2$ 胶体溶液旋涂到 ITO 基底上，转速为 3000 r/min，时间为 30 s，然后将制备好的 SnO$_2$ 膜置于 150 ℃下退火 30 min。待 SnO$_2$ 膜冷却至室温后，用紫外臭氧处理 20 min。将 BDADI 41.28 mg、FAI 82.54 mg、NH$_4$Cl 10.70 mg 和 PbI$_2$ 276.61 mg 溶解在 DMF 和 DMSO 混合溶剂中(V_{DMF}：V_{DMSO} = 9:1)制备 0.6 mol/L 的钙钛矿前驱液(钙钛矿化学式为 (BDA)FA$_4$Pb$_5$I$_{16}$)。将上述制备好的钙钛矿前驱液旋涂到预热至 70 ℃的 SnO$_2$ 膜上，转速为 5000 r/min，时间为 25 s，在旋涂结束前 7 s 滴加 100 μL 氯苯反溶剂到钙钛矿膜上。将钙钛矿膜置于 150 ℃下退火 15 min。对于改性电池，在制备好的钙钛矿膜上旋涂 30 μL 不同浓度的 FABr 异丙醇溶液(0.5 mg/mL、1 mg/mL、2.5 mg/mL、5 mg/mL 和 10 mg/mL)，转速为 5000 r/min，时间为 25 s。将 72.3 mg Spiro-OMeTAD 溶解在 1 mL 氯苯中制备 Spiro-OMeTAD 溶液，然后向上述溶液中加入 28.8 μL 4-叔丁基吡啶(tBP)和 17.5 μL 双三氟甲烷磺酰亚胺锂(Li-TFSI)溶液(520 mg Li-TSFI 溶解在 1 mL 乙腈中)。取 20 μL Spiro-OMeTAD 溶液以 4000 r/min 旋涂 20 s。最后，在 3×10^{-4} Pa 真空下，通过使用掩膜版蒸镀

80 nm 厚的金电极在 Spiro-OMeTAD 膜的顶部。

7.2.3　表征

J-V 曲线测定使用配备 150 W 氙灯（150 W，SolarIV-150A）的太阳光模拟器和 Keithley 2400 数字电源表。使用经 NIM 标准硅太阳能电池（QE-B1）校准的太阳光。电池的有效活性面积使用金属掩模版定义为 0.07 cm²。J-V 曲线从 0.1 V 扫描到 1.2 V（正向扫描）或从 1.2 V 扫描到 0.1 V（反向扫描），扫描速率为 100 mV/s。入射光子-电子转换效率（IPCE）测试在 IPCE 测试系统上进行。EIS 测试在电化学工作站进行，数据用 ZView 程序分析。紫外可见吸收光谱测试采用紫外可见分光光度计（Shimadzu UV-1800）进行。SEM 图采用场发射扫描电子显微镜（JSM-7800F）测试。二次离子质谱时间飞行（ToF-SIMS）测试采用配备 30 keV、1 pA Bi³⁺ 分析束和 1 keV、1 nA O²⁻ 溅射束的双束 ToF-SIMS IV（IONTOF）谱仪在非交错模式下进行。稳态和时间分辨光致发光光谱使用爱丁堡 FLS1000 测试，其中 TRPL 的激发波长为 450 nm。XPS 和 UPS 图谱在 5.0×10^{-7} Pa 压力下使用 Thermo-Fisher ESCALAB 250Xi 系统的单色化 Al K$_\alpha$（用 XPS 模式）获得。XRD 图谱使用 PANalytical Empyrean 记录。TPC 和 TPV 衰减测试采用如下方式进行：使用激光脉冲（532 nm、100 mJ、6 ns 脉宽、来自 Nd：YAG 激光）照射电池，然后用 1 GHz Agilent 数字示波器（DSO-X3102A，输入阻抗 1 MΩ/50 Ω）记录信号的衰减。在北京同步辐射装置（BSRF）（$\lambda = 1.54$ Å）BL1W1A 上收集掠入射广角 X 射线散射（GIWAXS）图像。入射角为 0.16°，曝光时间为 100 s。

7.3　结果与讨论

为了构建梯度能带排列，将一定浓度的 FABr 异丙醇（IPA）溶液旋涂到制备好的 DJ 型 FA 基准二维钙钛矿膜（BDA）FA₄Pb₅I₁₆上，通过 I⁻ 和 Br⁻ 之间的离子交换反应形成新的具有 GBD 的钙钛矿（BDA）FA₄Pb₅I₁₆₋ₓBrₓ，如图 7.1(a) 所示。为了表述简便，未经 FABr 处理的电池/钙钛矿膜被称为控制电池/钙钛矿膜，而用最佳浓度（2.5 mg/mL）FABr 处理的电池被称为目标电池/钙钛矿膜。接着进行了 XPS 测试来确认在最终钙钛矿膜中是否存在 FABr 及 FABr 与（BDA）FA₄Pb₅I₁₆之间是否有化学相互作用。如图 7.2(a) 所示，我们在目标钙钛矿膜中检测到 Br 3d 峰，而在控制钙钛矿膜中未检测到，这表明 FABr 存在于目标钙钛矿膜中。与控制钙钛矿膜相比，目标钙钛矿膜中的 Pb 4f 峰（Pb 4f₇/₂ 138.53 eV 和 Pb 4f₅/₂ 143.33 eV）结合能上升（图 7.2(b)），这是因为 Br 的电负性高于 I。该结果表明 Br⁻ 可以通过离子交换反应掺入钙钛矿晶格中。

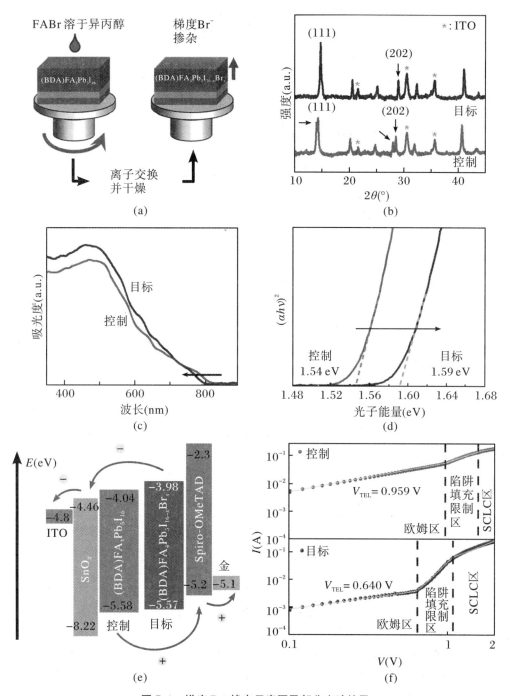

图 7.1　梯度 Br⁻ 掺杂示意图及部分实验结果

(a) 通过 I⁻ 与 Br⁻ 离子交换反应形成 GBD 的制备过程示意图；(b) 钙钛矿膜的 XRD 谱图；(c) 钙钛矿膜的紫外可见吸收光谱；(d) 钙钛矿膜的带隙；(e) 基于控制和目标钙钛矿膜的 PSC 能级图；(f) 具有 ITO/钙钛矿/Au 和 ITO/钙钛矿/FABr/Au 结构电池的暗电流-暗电压曲线

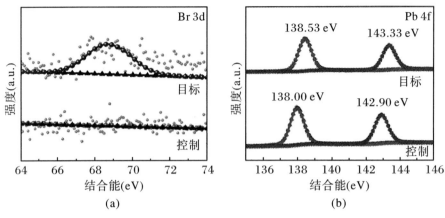

图 7.2　控制和目标钙钛矿膜的 XPS 光谱

(a) Br 3d；(b) Pb 4f

接着进行了 XRD 测试以研究 FABr 处理对钙钛矿膜晶体结构和结晶度的影响。如图 7.1(b)所示，控制钙钛矿膜在 14.39°和 28.52°处显示出主要特征衍射峰，对应立方晶系钙钛矿的(111)和(202)晶面。在目标钙钛矿膜中，由于 Br⁻ 的离子半径小于 I⁻，因此晶格收缩，这些特征衍射峰移至了更高的衍射角 14.84°和 28.97°，这表明 Br⁻ 通过离子交换反应成功地掺入了钙钛矿晶格中。此外，目标钙钛矿膜的(111)衍射峰强度大大增加，衍射峰的半高全宽(FWHM)从 0.346 降至 0.118(表 7.1)，表明 FABr 处理后，结晶度明显改善，这说明在用 FABr 处理钙钛矿膜时发生了再结晶过程。事实上，类似的再结晶过程在前人的研究中已得到很好的证实。以上结果意味着 FABr 处理不仅可以改变晶体的结构，还可以促进钙钛矿膜的再结晶。

表 7.1　控制和目标钙钛矿膜(111)和(202)衍射峰的半高全宽

钙钛矿膜	(111)	(202)
控制	0.346	0.168
目标	0.118	0.043

我们还进行了 GIWAXS 以了解控制和目标钙钛矿膜的取向，如图 7.3 所示。与控制钙钛矿膜相比，目标钙钛矿膜的散射环略亮，表明结晶度和晶体取向略有改善，与上述 XRD 结果一致。本章还进行了紫外可见吸收光谱测试，以研究 FABr 处理对钙钛矿膜的光吸收性能和带隙的影响。如图 7.1(c)和(d)所示，在用 FABr 处理后，紫外可见吸收峰蓝移且对应带隙从 1.54 eV 增大到 1.59 eV，表明 Br⁻ 成功掺入钙钛矿晶格，与 XRD 结果一致。此外，吸光度增加是由于结晶度增加和 Br⁻ 掺入钙钛矿。结果表明 FABr 处理有利于光吸收。此后，进一步进行了 SEM 测试，以研究控制和目标钙钛矿膜的形貌。目标钙钛矿膜形貌略有改善但不明显

（图 7.4），这是由再结晶所致。

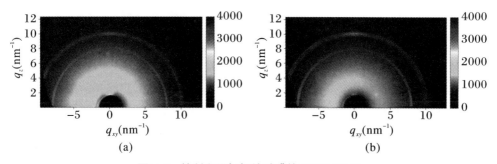

图 7.3　控制和目标钙钛矿膜的 GIWAXS 图

（a）控制钙钛矿膜；（b）目标钙钛矿膜

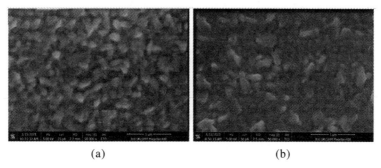

图 7.4　沉积在 ITO/SnO₂ 基底上的控制和目标钙钛矿膜的 SEM 图

（a）控制钙钛矿膜；（b）目标钙钛矿膜

接着进行了 UPS 测试以计算控制和目标钙钛矿膜的导带最小值（CBM）和价带最大值（VBM），如图 7.5 所示。CBM 和 VBM 的计算方法详见文献[122]。如图 7.5（a）和（b）所示，控制钙钛矿膜和目标钙钛矿膜的 $E_{cut-off}$ 分别为 16.83 eV、16.93 eV。相应的 E_F 可根据公式 $E_F = E_{cut-off} - 21.22$ 计算得到，分别为 -4.39 eV、-4.29 eV。如图 7.5（c）和（d）所示，控制钙钛矿膜和目标钙钛矿膜的 $E_{F,edge}$ 分别为 1.19 eV、1.28 eV，根据公式 $VBM = E_F - E_{F,edge}$ 可计算得到两者的 VBM 分别为 -5.58 eV、-5.57 eV。由图 7.1（d）可知，控制钙钛矿膜和目标钙钛矿膜的 E_g 分别为 1.54 eV、1.59 eV，根据公式 $E_g = CBM - VBM$ 可计算得到两者的 CBM 分别为 -4.04 eV、-3.98 eV。基于控制和目标钙钛膜的 PSC 能级图如图 7.1（e）所示。目标钙钛矿膜的 CBM（-3.98 eV）和 VBM（-5.57 eV）略高于控制钙钛矿膜（CBM 为 -4.04 eV 及 VBM 为 -5.58 eV），使得在控制钙钛矿膜和目标钙钛矿膜之间形成 Type-Ⅰ型能带排列，这有利于载流子的提取和收集。图 7.1（f）显示了在暗态下目标和控制电池的暗电流-暗电压（I-V）曲线。在该曲线中观察到三个区域，即低偏压的欧姆区、中间偏压的陷阱填充限制区和高偏压的无缺陷空间电荷限制电流(SCLC)区。[122]使用以下公式计算缺陷密度：

$$n_t = \frac{2\varepsilon\varepsilon_0 V_{TFL}}{eL^2}$$ (7.1)

其中 ε 是钙钛矿的介电常数，ε_0 是真空介电常数，e 是元电荷，L 是钙钛矿膜的厚度。通过拟合的暗电流-暗电压曲线确定缺陷填充极限电压(V_{TFL})。控制电池和目标电池的 V_{TFL} 分别为 0.959 V 和 0.640 V。与控制钙钛矿膜(5.69×10^{15} cm^{-3})相比，目标钙钛矿膜的缺陷密度(3.79×10^{15} cm^{-3})更低。减少的缺陷密度归因于结晶度的改善和膜质量的提高。

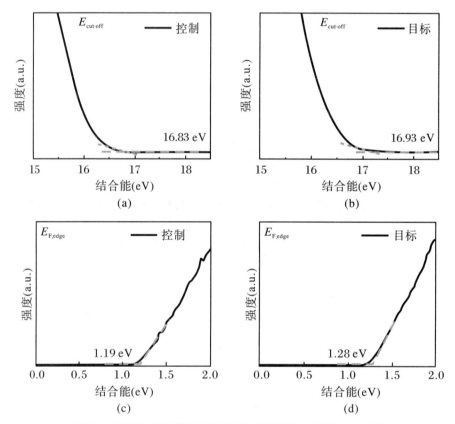

图 7.5　沉积在 ITO 基底上的控制和目标钙钛矿膜的 UPS 光谱

(a) 控制和(b) 目标的 $E_{cut-off}$；(c) 控制和(d) 目标的 $E_{F,edge}$

图 7.6(a) 和(b) 显示了从顶部(钙钛矿侧)和底部(玻璃侧)测试的控制和目标钙钛矿膜的稳态光致发光(SSPL)光谱。从顶部测试，目标钙钛矿膜的发射峰(774 nm)比控制钙钛矿膜的发射峰(791 nm)蓝移了 17 nm；而从底部测试，目标钙钛矿膜的发射峰(787 nm)比控制钙钛矿膜的发射峰(797 nm)蓝移了10 nm。这表明钙钛矿膜从顶部到底部 Br$^-$ 的掺杂浓度逐渐减小。换句话说，在用 FABr 处理后实现了梯度 Br$^-$ 掺杂。接着进行了二次离子质谱时间飞行(ToF-SIMS)测试

以研究未经和经 FABr 处理的样品的元素深度分布,样品结构分别为 ITO/SnO₂/
控制钙钛矿和 ITO/SnO₂/目标钙钛矿。如图 7.6(c)和(d)所示,在控制样品中无
法检测到 Br⁻,而在目标样品中可以观察到大量 Br⁻,表明 Br⁻ 已经掺入最终的钙
钛矿膜。此外,随着深度的增加,Br⁻ 的含量逐渐减小,再次确认了梯度 Br⁻ 掺杂
的形成,与稳态光致发光光谱结果一致。显然 Br⁻ 的量远远小于 I⁻ 的量,这强烈
表明即使在钙钛矿膜顶部,也只有很小一部分 I⁻ 被 Br⁻ 取代。可以得出以下结
论:梯度能带排列已被构建,而带隙仅略有增大。图 7.6(e)和(f)显示了通过离子

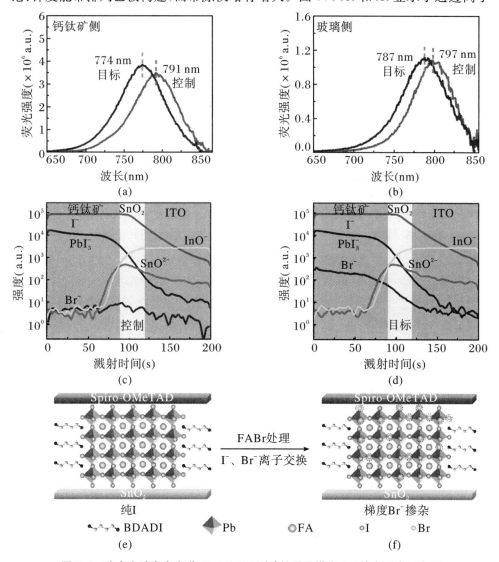

图 7.6　稳态光致发光光谱、ToF-SIMS 测试结果及梯度 Br⁻ 掺杂形成示意图

(a) 钙钛矿侧和(b) 玻璃侧的稳态光致发光光谱;(c) ITO/SnO₂/控制钙钛矿和(d) ITO/SnO₂/目标钙钛
矿的 ToF-SIMS;(e)和(f) (BDA)FA₄Pb₅I₁₆₋ₓBrₓ中的离子交换反应与梯度 Br⁻ 掺杂形成示意图

交换反应形成的具有 GBD 的（BDA）$FA_4Pb_5I_{16-x}Br_x$，图 7.6(f)中圈起来的为取代 I^- 后的 Br^-。GBD 的实现导致了梯度能带排列的形成，这有利于载流子提取、转移和收集以及抑制载流子反向传输。

　　为了研究 FABr 处理对钙钛矿膜载流子提取的影响，我们进行了稳态光致发光光谱和时间分辨光致发光测试，如图 7.7(a)和(b)所示。并根据下式拟合 TRPL 光谱：

$$I(t) = I_0 + A_1\exp(-t/\tau_1) + A_2\exp(-t/\tau_2) \tag{7.2}$$

其中 τ_1 和 τ_2 分别表示快衰减寿命和慢衰减寿命。平均载流子寿命（τ_{ave}）计算如下：

$$\tau_{ave} = \frac{A_1\tau_1^2 + A_2\tau_2^2}{A_1\tau_1 + A_2\tau_2} \tag{7.3}$$

　　拟合的载流子寿命总结在表 7.2 中。荧光强度的显著降低（图 7.7(a)）和载流子寿命从 42.17 ns 降至 18.49 ns（图 7.7(b)和表 7.2）表明，构建梯度能带排列后载流子提取明显改善。如图 7.8 所示，本章中的钙钛矿膜由不同相组成，反映为不同的 n 值。接着进行了瞬态吸收（TA）光谱测试以进一步了解钙钛矿的相，如图 7.9 所示。在控制和目标钙钛矿膜中观察到了混合相，与光致发光光谱结果一致。如图 7.10 所示，目标电池的内建电位（V_{bi}）（0.971 V）比控制电池（0.876 V）高得多，这有利于载流子的传输、提取和收集。增大的 V_{bi} 归因于改善的能带排列。随后，进行了瞬态光电流（TPC）和瞬态光电压（TPV）测试以研究控制和目标电池的载流子转移和复合。如图 7.7(c)所示，目标电池（1.99 μs）显示出比控制电池（2.98 μs）更短的载流子寿命（表 7.3），表明由于形成梯度能带排列，载流子提取和传输得到改善，这与 TRPL 结果一致。载流子寿命从控制电池的 7.58 μs 提升到目标电池的 17.29 μs（图 7.7(d)和表 7.4），表明非辐射复合明显被抑制，这主要是由于改善的能带排列、降低的缺陷密度和增强的结晶度。理想因子（m）可以可靠地评估 PSC 中的复合。图 7.7(e)显示了控制电池和目标电池的光强依赖 V_{oc} 曲线。目标电池的 m（$m = 1.46$ kT/q）远小于控制电池（$m = 1.89$ kT/q），表明 FABr 处理后非辐射复合明显被抑制，与 TPV 结果一致。图 7.7(f)展示了在暗态偏压为 0.8 V 下 1 MHz 至 1 Hz 的频率范围内测试的控制电池和目标电池的 Nyquist 图。插图中的等效电路图用于拟合 Nyquist 图，对应的拟合 EIS 参数如表 7.5 所示。细微减小的串联电阻（R_s）应该归因于改善的结晶度。在 FABr 处理后，电荷转移和传输电阻（R_{ct}）从 6382 Ω 降低到 3961 Ω，这是由于改善的能带排列和改善的结晶度（图 7.1(b)）。复合电阻（R_{rec}）在 FABr 处理后从 60000 Ω 增加到 156000 Ω，这是由于改善的能带排列（图 7.1(e)）和降低的缺陷密度（图 7.1(f)）。

　　总之，由上述结果可以得出以下结论：通过离子交换反应形成的梯度 Br^- 掺杂不仅可以促进载流子提取、传输和收集，还可以抑制载流子非辐射复合，这是由于构建了梯度能带排列、改善了结晶度和降低了缺陷密度。

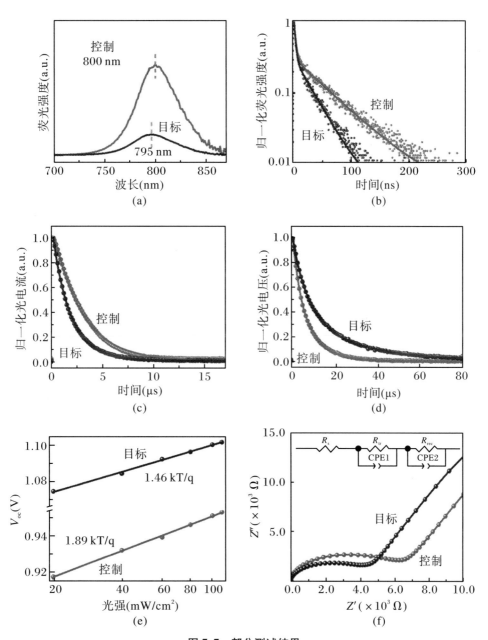

图 7.7　部分测试结果

（a）玻璃/钙钛矿无或有 FABr/Spiro-OMeTAD 的 SSPL 光谱和（b）TRPL 光谱；（c）控制电池和目标电池的瞬态光电流和（d）瞬态光电压衰减曲线；（e）控制电池和目标电池的光强依赖 V_{oc} 曲线；（f）在暗态 0.8 V 的偏压下 1 MHz 到 1 Hz 的频率范围内测试的控制电池和目标电池的 Nyquist 图，插图为相应的等效电路

表 7.2　TRPL 光谱的拟合结果

	控制	目标
τ_1(ns)	2.88	2.44
拟合误差	86.55%	89.07%
τ_2(ns)	55.32	29.36
拟合误差	38.85%	10.93%
τ_{ave}(ns)	42.17	18.49

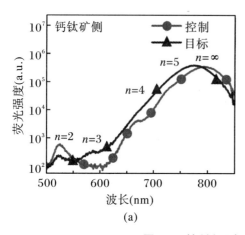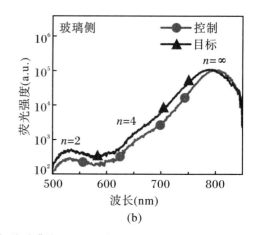

图 7.8　控制和目标钙钛矿膜的 SSPL 光谱

（a）钙钛矿侧；（b）玻璃侧

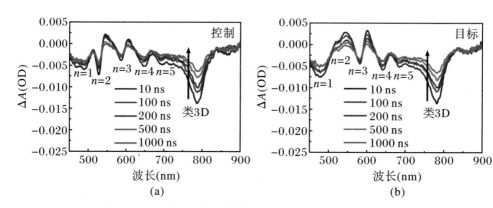

图 7.9　不同探测时间下的控制和目标钙钛矿膜的 TA 光谱

曲线从下至上依次表示探测时间为 10～1000 ns

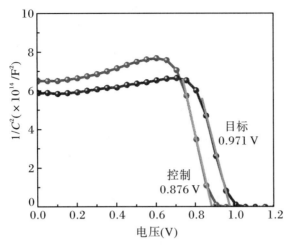

图 7.10　控制电池和目标电池的 $1/C^2$ 作为施加电压的函数

V_{bi} 由 $1/C^2$ 曲线的截止电压决定

表 7.3　控制电池和目标电池的 TPC 曲线的拟合结果

	控制	目标
$\tau_1(\mu s)$	2.83	1.52
拟合误差	61.15%	80.51%
$\tau_2(\mu s)$	3.19	2.99
拟合误差	38.85%	19.49%
$\tau_{ave}(\mu s)$	2.98	1.99

表 7.4　控制电池和目标电池的 TPV 曲线的拟合结果

	控制	目标
$\tau_1(\mu s)$	3.38	5.46
拟合误差	50.60%	50.14%
$\tau_2(\mu s)$	9.17	20.46
拟合误差	49.40%	49.86%
$\tau_{ave}(\mu s)$	7.58	17.29

表 7.5　控制电池和目标电池的拟合 EIS 参数

电池	$R_s(\Omega)$	$R_{ct}(\Omega)$	$R_{rec}(\Omega)$
控制	2.98	6382	60000
目标	2.39	3961	156000

采用结构为 ITO/SnO$_2$/未经和经 GBD 的钙钛矿/Spiro-OMeTAD/Au 制备了无 MA 的 DJ 型准二维 PSC,如图 7.11(a)所示。如图 7.11(b)和图 7.12 所示,本章比较了 FABr 浓度对电池光伏性能的影响,对应的光伏性能参数总结在表 7.6 中。可以清楚地看到,在浓度为 2.5 mg/mL 时电池获得了最佳性能。与控制电池相比,平均 J_{sc}、V_{oc}、FF 和 PCE 分别从(18.76±0.30) mA/cm^2、(0.970±0.011) V、0.735±0.012 和 13.39%±0.31%增加到基于 2.5 mg/mL FABr 电池的(19.28±0.32) mA/cm^2、(1.118±0.012) V、0.751±0.011 和 16.16%±0.26%。显然,所有光伏性能参数都有所提高,但 V_{oc} 提高最显著,这是由显著减少的载流子非辐射复合损失所致,归根到底是改善了能带排列、降低了缺陷密度和增强了载流子提取和传输的缘故。需要强调的是,略微增大的带隙(0.05 eV)是 V_{oc} 显著增加(高达 0.148 V)的原因之一,但不是主要原因。正如本章前面讨论的,显著减少的非辐射复合是 V_{oc} 显著增强的主要原因。冠军控制电池和冠军目标电池的 J-V 曲线和入射光子-电流转换效率(IPCE)曲线如图 7.11(c)和(d)所示。对应的光伏性能参数示于表 7.7 中。冠军控制电池在正向扫描(正扫,FS)中显示出 11.75%的 PCE(J_{sc} 为 19.07 mA/cm^2,V_{oc} 为 0.947 V,FF 为 0.650),在反向扫描(反扫,RS)中显示出 13.78%的 PCE(J_{sc} 为 18.98 mA/cm^2,V_{oc} 为 0.970 V,FF 为 0.749)。相比之下,冠军目标电池在 FS 中显示出 15.35%的 PCE(J_{sc} 为 19.77 mA/cm^2,V_{oc} 为 1.099 V,FF 为 0.706),在 RS 中显示出 16.75%的 PCE(J_{sc} 为 19.69 mA/cm^2,V_{oc} 为 1.107 V,FF 为 0.768)。还可以发现,迟滞指数(HI)在 FABr 处理后从 0.147 降低到 0.083(图 7.13 和表 7.7),这是由于改善的载流子提取、减少的界面电荷累积和抑制的非辐射复合。[123]图 7.11(d)中 IPCE 曲线的积分 J_{sc} 与由图 7.11(c)中的 J-V 曲线获得的结果吻合得很好。图 7.11(e)和(f)分别显示了控制电池和目标电池的稳态电流密度和 PCE。在 500 s 后,控制电池呈现出 15.93 mA/cm^2 的电流密度和 13.06%的 PCE,而目标电池在相同时间呈现出 16.95 mA/cm^2 的电流密度和 16.10%的 PCE。

最后,本章系统地评估了控制电池和目标电池的长期工作稳定性。图 7.14(a)和图 7.15 显示了在室温、相对湿度为 15%～20%的暗条件下储存的未封装控制电池和目标电池的环境稳定性。目标电池在相同条件下放置 1600 h 后保持其初始 PCE 的 93%,而控制电池为初始 PCE 的 85%。图 7.14(b)和图 7.16 展示了在 60 ℃、氮气氛围手套箱暗的条件下储存的未封装控制电池和目标电池的热稳定性。在老化 400 h 后,目标电池保持初始 PCE 的 91%,而控制电池为初始 PCE 的 87%。图 7.14(c)和图 7.17 展示出了室温、在氮气氛围手套箱中,一个太阳光照射下储存的未封装控制电池和目标电池的光稳定性。在老化 400 h 后,控制电池的 PCE 降低了 46%,而目标电池的 PCE 仅降低了 34%。

综上,改善的稳定性归因于 Br$^-$ 掺杂及改善的结晶度和降低的缺陷密度。[124-125]这表明 GBD 不仅可以提高 PCE,还可以增加电池的运行稳定性。

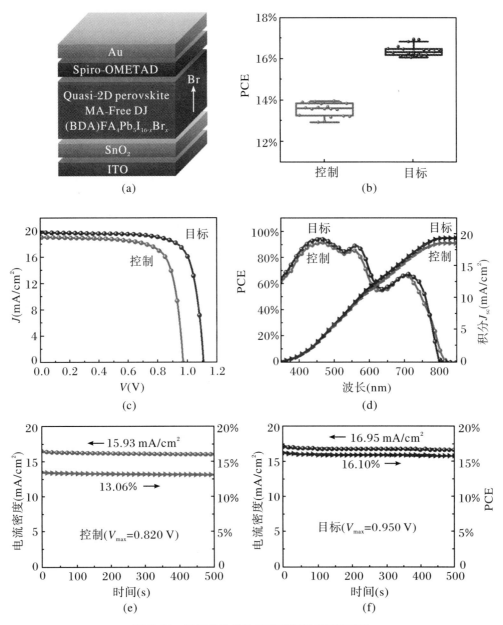

图 7.11 目标电池结构示意图和部分测试结果

(a) 目标电池结构的示意图;(b) 控制电池和目标电池的统计 PCE,数据是在光照强度为100 mW/cm² 的一个太阳光照下,以 100 mV/s 的扫描速度进行反向扫描测试得到的,统计数据来自各类电池中的 20 个独立电池;(c) 冠军控制电池和冠军目标电池的 J-V 曲线和(d) IPCE 曲线;(e) 控制和(f) 目标电池在其最大功率点测得的随时间变化的稳态电流密度和 PCE

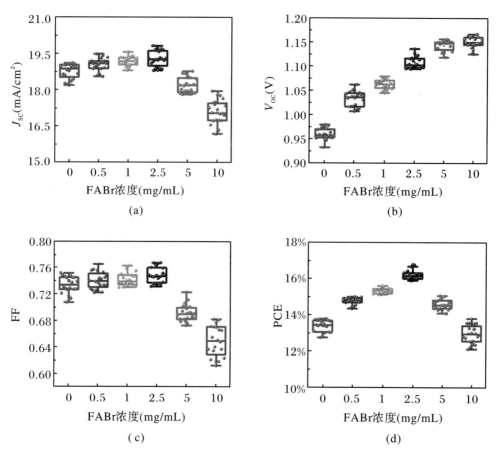

图7.12　使用不同浓度 FABr 处理的电池的 J_{sc}、V_{oc}、FF 以及 PCE 的统计图表

每种电池用于统计的单独电池数目为 20 个

表7.6　使用不同浓度 FABr 处理的电池的光伏性能参数

FABr（mg/mL）		J_{sc}（mA/cm^2）	V_{oc}（V）	FF	PCE
0	冠军电池	18.98	0.970	0.749	13.78%
	平均值	18.76±0.30	0.970±0.011	0.735±0.012	13.39%±0.31%
0.5	冠军电池	19.49	1.056	0.728	14.98%
	平均值	19.05±0.25	1.043±0.015	0.742±0.012	14.75%±0.19%
1	冠军电池	19.41	1.087	0.734	15.58%
	平均值	19.18±0.19	1.073±0.010	0.744±0.009	15.31%±0.15%

续表

FABr（mg/mL）		J_{sc}（mA/cm^2）	V_{oc}（V）	FF	PCE
2.5	冠军电池	19.69	1.107	0.768	16.75%
	平均值	19.28±0.32	1.118±0.012	0.751±0.011	16.16%±0.26%
5	冠军电池	18.22	1.139	0.725	15.04%
	平均值	18.21±0.31	1.154±0.010	0.693±0.012	14.57%±0.27%
10	冠军电池	17.83	1.157	0.669	13.80%
	平均值	17.14±0.47	1.161±0.011	0.651±0.022	12.96%±0.48%

在 AM 1.5G 一个太阳光下，以 100 mW/cm^2 的光照强度和 100 mV/s 的扫描速率在 RS 下测试了 J-V 曲线。每种电池用于统计的单独电池数目为 20 个。

表 7.7　在 AM 1.5G 一个太阳光下，以 100 mW/cm^2 的光照强度，对控制电池和目标电池进行 正向扫描（FS）和反向扫描（RS）测试所得的光伏性能参数

电池	扫描方向	J_{sc}（mA/cm^2）	V_{oc}（V）	FF	PCE	迟滞指数
控制	正扫	19.07	0.947	0.650	11.75%	0.147
	反扫	18.98	0.970	0.749	13.78%	
目标	正扫	19.77	1.099	0.706	15.35%	0.083
	反扫	19.69	1.107	0.768	16.75%	

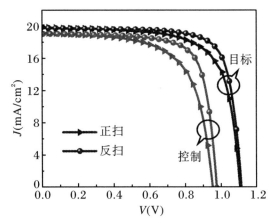

图 7.13　冠军控制电池和目标电池的 J-V 曲线

在 AM 1.5G 一个太阳光，且 100 mW/cm^2 的光照强度下，以 100 mV/s 的扫描速度进行反向扫描（RS）和正向扫描（FS）

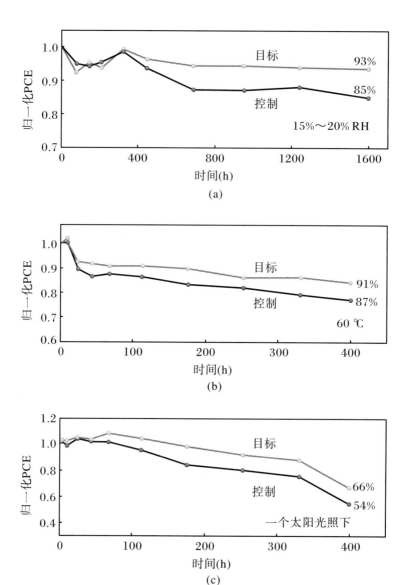

图 7.14　控制电池和目标电池工作稳定性测试结果

（a）未封装的控制电池和目标电池在室温、相对湿度为 15%～20% 的暗条件下的
环境稳定性；（b）未封装控制电池和目标电池在 60 ℃、氮气氛围手套箱的暗的条
件下的热稳定性；（c）未封装的控制电池和目标电池在室温、氮气氛围手套箱中，
一个太阳光照射下的光稳定性

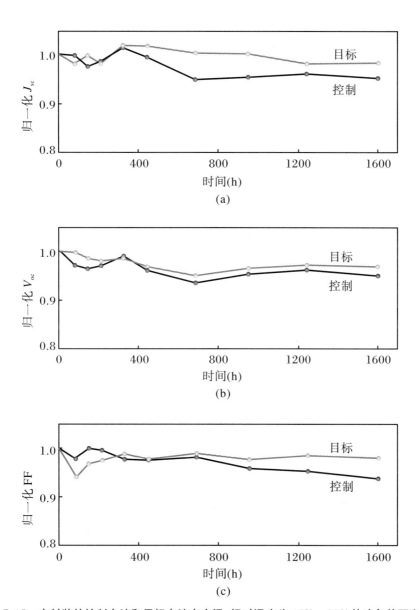

图 7.15　未封装的控制电池和目标电池在室温、相对湿度为 15%～20%的暗条件下老化
过程中 J_{sc}、V_{oc} 以及 FF 随时间变化的情况

在 AM 1.5G 一个太阳光下,光照强度为 100 mW/cm² ,以 100 mV/s 的扫描速度进行反向扫描
(RS),测得 J-V 曲线

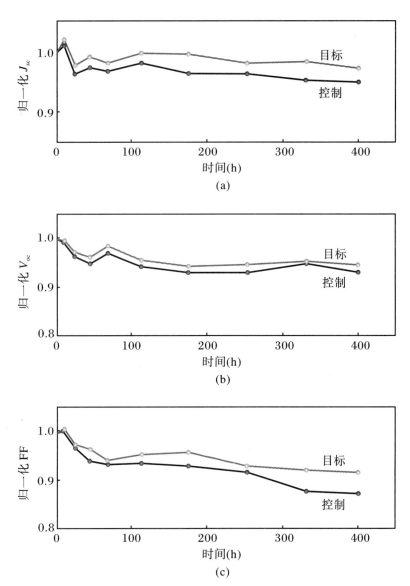

图 7.16　在 60 ℃、氮气氛围的手套箱的暗条件下老化的未封装的控制电池和目标电池，随时间变化的 J_{sc}、V_{oc} 以及 FF

在 AM 1.5G 一个太阳光照下，光照强度为 100 mW/cm²，以 100 mV/s 的扫描速度进行反向扫描 (RS)，测得 J-V 曲线

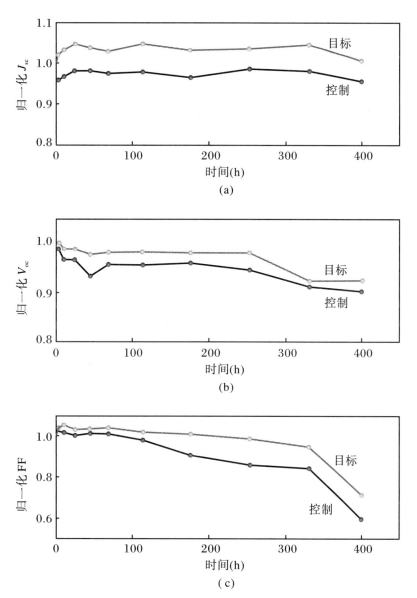

**图 7.17　在室温、氮气氛围的手套箱内,采用白光 LED, AM 1.5G 一个太阳光且光照强度
为 100 mW/cm² 下,未封装的控制电池和目标电池随时间变化的 J_{sc}、V_{oc} 以及 FF**

在 AM 1.5G 一个太阳光下,光照强度为 100 mW/cm²,以 100 mV/s 的扫描速度进行反向扫描(RS),
测得 J-V 曲线

本 章 小 结

本章成功地通过原位离子交换反应在 DJ 型 FA 基准二维 PSC 中实现了梯度 Br^- 掺杂,从而构建了梯度能带排列。首先,GBD 形成的梯度能带排列可以促进载流子传输、提取和转移。其次,用 FABr 处理后改善了结晶度且降低了缺陷密度。最后,Br^- 的掺入也有助于增加电池稳定性。因此,电池的光电转换效率和稳定性同时得到了提高。目标电池的光电转换效率大大高于控制电池(13.78%),开路电压从 0.970 V 显著提高到 1.107 V,这是因为体相和界面非辐射复合得到了抑制。未封装的目标电池在相对湿度为 15%~20% 的条件下放置 1600 h 后,其初始光电转换效率保持初始值的 93%;在 60 ℃ 条件下放置 400 h 后,其初始光电转换效率保持初始值的 91%;在一个太阳光照射下放置 400 h 后,其光电转换效率保持初始值的 66%。本章工作为铅基钙钛矿太阳能电池的商业化应用奠定了基础。

第 8 章 通过晶体取向调控和缺陷钝化实现高效稳定的无甲胺 Dion-Jacobson 型准二维钙钛矿太阳能电池

8.1 引　　言

有机-无机杂化钙钛矿半导体材料作为下一代光伏材料中极有希望的候选材料之一,由于具有众多优点而得到了广泛关注,例如高的光吸收系数、可调节的带隙、长的激子扩散长度、高的载流子迁移率、低的激子结合能、低成本、溶液可处理性等。[126] 钙钛矿太阳能电池的光电转换效率从最初的 3.8%[127] 迅速提高到目前认证的 26.1%。[128] 尽管已经实现了高光电转换效率,但三维钙钛矿差的环境稳定性仍然阻碍了三维 PSC 的商业应用。[129] 近几年来,二维或准二维 PSC 表现出优异的环境稳定性,这是通过在三维钙钛矿晶格中掺入有机大阳离子实现的。有机大阳离子的疏水性应该是二维 PSC 环境稳定性得到改善的原因。自首次报道二维 PSC 以来,人们付出了巨大努力来提高二维 PSC 的光电转换效率和稳定性,并取得了重大进展。[130-131]

Ruddlesden-Popper(RP)型层状二维钙钛矿和 Dion-Jacobson(DJ)型层状二维钙钛矿的通式分别为 $A'_2A_{n-1}B_nX_{3n+1}$ 和 $A''A_{n-1}B_nX_{3n+1}$,其中 A' 是一价有机大阳离子(如 PEA+、BA+、iso-BA+ 等),A'' 是二价有机大阳离子(如 PDA2+、BDA2+、PDMA2+ 等),A 是一价有机或无机小阳离子(如 MA+、FA+、Cs+、Rb+ 等),B 是二价金属阳离子(如 Pb2+、Sn2+ 等),X 是一价阴离子(如 Cl-、Br-、I-、BF4- 等),n 是无机层$[BX]^{4-}$ 的层数。迄今为止,基于 RP 二维钙钛矿的 PSC 的光电转换效率已达到 19% 以上。[132] 然而,RP 二维 PSC 获得的最高光电转换效率仍远低于三维电池。在相邻的$[PbI_6]^{4-}$ 层之间,RP 二维钙钛矿中有两个交错的有机间隔层,两个有机大阳离子绝缘间隔层之间会产生范德瓦耳斯间隙。[133-134] 相邻无机层之间弱的范德瓦耳斯相互作用不仅不利于结构的完整性和稳定性,而且产生的深量子阱不利于载流子在相邻无机层之间的传输。因此,相邻无机层之间的范德瓦耳斯间隙给进一步提高 RP 二维 PSC 的光电转换效率和稳定性带来了严峻挑战。相比之下,DJ 二维钙钛矿中相邻无机层之间没有范德瓦耳斯间隙,因为只有一层绝缘的有机阳离子间隔层插在无机层之间。[135]在这种情况下,DJ 二维钙钛矿中的相邻无机层是通过氢键相互作用而不是弱的范德瓦耳斯相互作用相连的。由于氢键的强相互作用能带来更好的结构稳定性,绝缘间隔距离的减小能带来更好的电荷传输能力,预计 DJ 二维 PSC 相对 RP 二维 PSC 具有更好的结构稳定性和电荷传输能力。正如我们所预计的那样,与 RP 二维 PSC 相比,DJ 二维 PSC 已经表现出更好的稳定性和更高的光电转换效率。[136-137]最近几年,人们为提高 DJ 二维 PSC 的光电转换效率和稳定性付出了大量努力。[138-139]尽管取得了巨大进步,但对 DJ 二维 PSC 而言,光电转换效率和稳定性仍有很大的提升空间。

众所周知,热稳定性和光稳定性较差以及增大的带隙,阻碍了二维 PSC 光电转化效率和稳定性的进一步提高。目前,由于有机大阳离子的引入,大多数报道的二维钙钛矿带隙增大,这要以牺牲电流密度为代价。因此,通过组分工程减小带隙是非常必要的。将 MA^+ 替换为 FA^+ 可以有效减小带隙,已经被广泛证明。[140-141]尽管二维钙钛矿的疏水性赋予二维 PSC 出色的湿度稳定性,但到目前为止,大多数报道的二维钙钛矿晶格中包含易挥发的 MA^+ 阳离子,这将导致其热稳定性和光稳定性较差。[142]已有研究证明 $MAPbI_3$ 会在低于 80 ℃的温度下分解。[143]此外,$MAPbI_3$ 的四方相到立方相的相变温度低。用 FA^+ 代替 MA^+ 能显著提高 PSC 的热稳定性和光稳定性。[144-145]总的来说,将 FA^+ 引入钙钛矿组分不仅可以扩大光吸收谱范围,还可以提高热稳定性和光稳定性。尽管 FA^+ 已被广泛引入三维钙钛矿组分中,但迄今为止,FA^+ 在二维钙钛矿中的应用仍非常有限。最近,Cheng 等人报道了一种用于太阳能电池的 DJ 二维钙钛矿 $(PDA)FA_3Pb_4I_{13}$,基于该材料的 PSC 的 PCE 达到了 13.8%,并具有卓越的热稳定性。这表明,制备基于 FA 的 DJ 二维 PSC 对于同时实现高效和稳定的二维 PSC 至关重要。

目前,制备纯相二维钙钛矿膜仍然是一个巨大的挑战。大多数关于二维 PSC 的文献中报道的二维钙钛矿的相并不纯。[146-148]已有报道称,对多个钙钛矿相进行合理调控有助于促进载流子的传输/提取,并且通过优化的能带排列可以抑制 Shockley-Read-Hall（SRH）电荷复合。因此,有必要合理控制二维或准二维钙钛矿薄膜的相分布,以提高载流子的传输和提取,并相应抑制 SRH 非辐射复合。需要注意的是,相分布的要求对于正向的 n-i-p PSC 和倒置的 p-i-n PSC 可能是相反的。目前,关于相分布调制的工作几乎集中在倒置的 PSC 上。而在正向的 PSC 中进行相分布调控可能更具挑战性。除了相分布之外,二维钙钛矿的晶体取向是影响载流子传输和收集的一个关键因素。由于有机绝缘层具有相对较小的介电常数,二维钙钛矿会产生自然的多量子阱结构。有机层充当潜在的"屏障",而无机 $[PbX_6]^{4-}$ 层充当潜在的"井"。多量子阱结构会阻碍载流子的传输,从而产生由量子约束效应导致的载流子复合。载流子通过无机"井"传输,因此二维钙钛矿薄膜是否垂直于基底生长和生长取向对促进载流子的传输和提取至关重要。此外,在高温退火和快速结晶过程中,二维钙钛矿膜中不可避免地会生成大量缺陷和/或陷阱,这也会对载流子的传输和提取产生巨大影响,导致产生 SRH 非辐射复合。[149]简而言之,相分布、晶体取向和缺陷是影响载流子传输和提取进而影响电池的 PCE 和稳定性的三个关键因素。已有工作证明,添加剂工程可用于调控相分布和晶体取向或钝化缺陷,是一种可行且有效的策略。[150-152]目前,大多数报道的添加剂分子可以调控相分布或晶体取向,如 NH₄SCN、二甲基亚砜(DMSO)、NH₄Cl 和 H₂O 等。[153]然而,这些添加剂分子不能钝化膜缺陷,因为它们很容易挥发而离开最终的二维钙钛矿膜。因此,开发一种同时能够调控相分布、晶体取向和钝化缺陷的多功能添加剂分子是一个巨大的挑战,但也是极其重要的。

　　本章中,我们用一种多功能添加剂分子,即 N,N′-羰基二(1,2,4-三氮唑)(简称 CDTA),来制备高质量的无甲胺(MA)DJ 型准二维钙钛矿膜。引入 CDTA 后,同时实现了相分布、晶体取向调控和缺陷钝化,进而提高了相应电池的 PCE 和稳定性。经 CDTA 修饰的电池具有 16.07% 的高 PCE,远高于未经 CDTA 修饰的电池的 13.77%。经 CDTA 修饰的未封装电池在相对湿度为 15%～20% 的条件下老化 1080 h 后,保持了其初始 PCE 的 94%,在一个太阳光照射下老化 360 h 后,保持了其初始 PCE 的 92%,在 60 ℃下老化 360 h 后,保持了其初始 PCE 的 86%。

8.2　实　验　部　分

8.2.1　材料

　　SnO₂ 胶体前驱液(15% 水胶体分散液)从 Alfa Aesar 购买。氯化铵(NH₄Cl,99.99%)从 Aladdin 购买。碘化铅(PbI₂,99.99%)和 1,4-丁二胺氢碘酸盐(BDADI,99.5%)购自西安宝莱特光电科技有限公司。Spiro-OMeTAD(99.86%)从 Advanced Election Technology Co.,Ltd. 购买。甲脒氢碘酸盐(FAI)从 Great Cell Solar 购买。N,N-二甲基甲酰胺(DMF,99.8%)、二甲基亚砜(DMSO,99.9%)和氯苯(CB,99.8%)从 Sigma-Aldrich 购买。

　　所有化学试剂均按原样使用,无须进一步纯化。

8.2.2　电池制备

铟锡氧化物(ITO)导电玻璃基底通过激光蚀刻。蚀刻后的 ITO 基底采用超声清洗,依次使用洗涤剂、去离子水和乙醇清洗 20 min。将 15%(质量分数)的 SnO$_2$ 胶体前驱液用去离子水稀释为 1.875%。随后,在上述胶体溶液中加入氯化钾,氯化钾的浓度为 1 mg/mL。将 ITO 基底用紫外臭氧处理 20 min 后,将 SnO$_2$ 胶体溶液以 3000 r/min 的转速旋涂在 ITO 基底上,然后将旋涂好的 SnO$_2$ 膜置于 150 ℃下退火 30 min。SnO$_2$ 膜冷却至室温后,用紫外臭氧处理 20 min。制备 0.6 mol/L 钙钛矿前驱液(钙钛矿名义组分为(BDA)FA$_4$Pb$_5$I$_{16}$),方法如下:在 DMF 和 DMSO 的混合溶剂(V_{DMF} : V_{DMSO} = 9 : 1)中溶解 BDADI 41.28 mg、FAI 82.54 mg,NH$_4$Cl 10.70 mg 和 PbI$_2$ 276.61 mg。将钙钛矿前驱液旋涂在预热至 70 ℃的 SnO$_2$ 膜上,转速为 5000 r/min,旋涂 25 s,在程序结束前的第 7 s 滴加 100 μL 氯苯。钙钛矿膜在 150 ℃下退火 15 min。将 Spiro-OMeTAD (72.3 mg)溶解在 1 mL 氯苯中,得到 Spiro-OMeTAD 溶液。随后,向上述溶液中加入 28.8 μL 4-叔丁基吡啶(tBP)和 17.5 μL 双三氟甲烷磺酰亚胺锂(Li-TFSI)溶液(520 mg Li-TSFI 在 1 mL 乙腈中)。取 20 μL Spiro-OMeTAD 溶液以 4000 r/min 旋涂 20 s。最后,在高真空(3 × 10^{-4} Pa)下用掩模版沉积 80 nm 厚的金对电极。

8.2.3　表征

J-V 曲线由带有 150 W 氙灯(150 W,SolarIV-150A)的太阳光模拟器和 Keithley 2400 数字电源表测得。光强使用 NIM 校准的标准硅太阳能电池(QE-B1)将其校准为 AM 1.5G 一个太阳光(100 mW/cm^2)。电池覆盖有黑色的不反光金属掩膜版,以提供 0.07 cm^2 的有效面积。*J-V* 曲线以 100 mV/s 的扫描速率从 −0.1 V 至 1.2 V(正向扫描(FS))或从 1.2 V 到 −0.1 V(反向扫描(RS))测试得到。入射光子-电子入射转换效率曲线在入射光子-电子转换效率测试系统上收集。EIS 测试在电化学工作站上进行。紫外可见吸收光谱测试在紫外可见分光光度计(Shimadzu UV-1800)上进行。采用场发射扫描电子显微镜(JSM-7800F)测得扫描电子显微镜(SEM)图。傅里叶变换红外光谱(FTIR)图使用 Thermo Fisher Scientific 的 Nicolet iS50 红外傅里叶变换显微镜进行测试。SSPL 和 TRPL 光谱通过 Edinburgh FLS1000 进行测试。X 射线光电子能谱(XPS)测试在 Thermo Fisher ESCALAB 250Xi 系统上进行,该系统采用经单色化的 Al K$_α$(用 XPS 模式)在 5.0 × 10^{-7} Pa 的压力下进行。TPV 和 TPC 测试按如下方式进行:通过激光脉冲(532 nm、100 mJ、6 ns 宽度、来自 Nd:YAG 激光)照射器,然后通过

1 GHz 的 Agilent 数字示波器（DSO-X3102A）测试信号的衰减，输入阻抗为 1 MΩ/50 Ω。X 射线衍射（XRD）谱采用 PANalytical Empyrean 获得。掠入射广角 X 射线散射（GIWAXS）图像在北京同步辐射装置（BSRF）的 BL1W1A 上采集（$\lambda = 1.54$ Å）。

8.3　结果与讨论

本章采用的电池结构为 ITO/SnO$_2$/准二维钙钛矿/Spiro-OMeTAD/Au，如图 8.1(a)所示。这里使用 NH$_4$Cl 作为添加剂，氯苯（CB）作为反溶剂，通过一步沉积法制备了无甲胺（MA）的 DJ 准二维钙钛矿膜。准二维钙钛矿的名义组分为 (BDA)FA$_4$Pb$_5$I$_{16}$。考虑到添加剂 NH$_4$Cl 在高温退火过程中会分解并离开最终的钙钛矿膜，引入了一种新颖且稳定的添加剂分子 N,N'-羰基二(1,2,4-三氮唑) (CDTA)，其化学结构如图 8.1(b)所示。将 CDTA 加入钙钛矿前驱液中，以进一步改善钙钛矿的结晶度并钝化钙钛矿膜中的缺陷。预计 CDTA 作为强路易斯碱可以通过与作为路易斯酸的 Pb^{2+} 配位来减缓钙钛矿的结晶过程，改善钙钛矿的结晶度和增大晶粒尺寸。由于 CDTA 分子在钙钛矿制备条件下是稳定的，预计其会在退火后留在最终的钙钛矿膜中，并有效地钝化卤化物缺陷，如图 8.1(c)所示。初步推测，除 CDTA 中的—C═O 外，三氮唑类环也会与未配位的 Pb^{2+} 配位，稍后将对此进行讨论。

首先，比较了基于不同 n 值的钙钛矿太阳能电池的光伏性能，如图 8.2 和表 8.1 所示。非常明显地，随着 n 值的增加，电池的光电转换效率也在增加。[154] 考虑到稳定性和带隙的平衡，本章决定取钙钛矿 n 值为 5。然后，我们制备了经不同浓度 CDTA 修饰的电池，并系统地比较了它们的光伏性能，如图 8.3 和表 8.2 所示。显然，电池的最优性能是在 8 mmol/L 的浓度下实现的。在这里，没有添加 CDTA 的电池被描述为控制电池，而以最优 CDTA 浓度修饰的电池被描述为目标电池。控制电池的平均 PCE 为 13.16% ± 0.49%（J_{sc} = (18.66 ± 0.26) mA/cm^2，V_{oc} = (0.986±0.023)V，FF = 0.714±0.016)，而目标电池的平均 PCE 为 15.50% ± 0.24% (J_{sc} = (19.40 ± 0.29) mA/cm^2，V_{oc} = (1.049 ± 0.013)V，FF = 0.762 ± 0.010)。显然，所有的光伏性能参数都有所增加，但 V_{oc} 和 FF 的增加更为显著。冠军控制电池和目标电池的 J-V 曲线和 IPCE 曲线分别在图 8.1(d)和(e)中展示。如表 8.1、表 8.3 和图 8.4 所示，冠军（性能最佳）控制电池在 RS 中呈现出 13.77% 的 PCE（对应的 J_{sc} 为 18.82 mA/cm^2，V_{oc} 为 1.014 V，FF 为 0.721)；在 FS 中呈现出 10.91% 的 PCE（对应的 J_{sc} 为 18.91 mA/cm^2，V_{oc} 为 0.971 V，FF 为 0.595)。冠军目标电

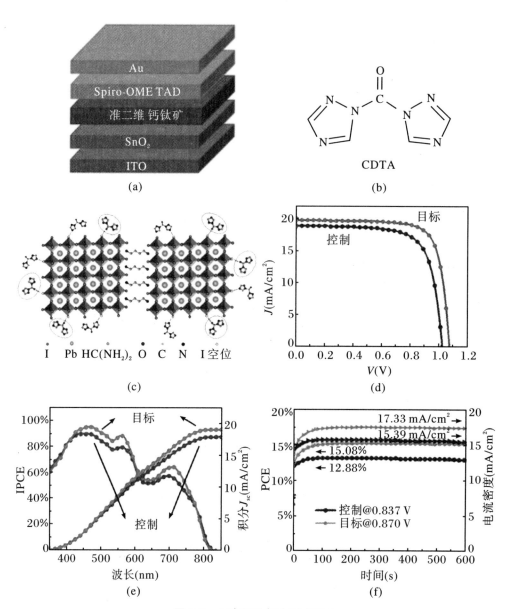

图 8.1　示意图及部分测试结果

（a）本章采用的电池结构的示意图；（b）CDTA 分子的化学结构；（c）CDTA 与钙钛矿之间的化学相互作用的示意图，图中圈出来的为与钙钛矿有相互作用的—C ＝O，未圈出来的为与钙钛矿有相互作用的三氮唑类环；（d）冠军控制电池和目标电池的 J-V 曲线，J-V 曲线在模拟 AM 1.5G 一个太阳光照射下，以 100 mV/s 的扫描速率在 RS 下测得，光照强度为 100 mW/cm²；（e）IPCE 曲线；（f）在最大功率点处测试的冠军控制电池和目标电池的稳态电流密度和 PCE

池在 RS 中实现了 16.07% 的 PCE（对应的 J_{sc} 为 19.71 mA/cm², V_{oc} 为 1.064 V，FF 为 0.766）；在 FS 中实现了 13.25% 的 PCE（对应 J_{sc} 为 19.70 mA/cm²，V_{oc} 为 1.042 V，FF 为 0.645），这是迄今为止报道的无甲胺 DJ 型 PSC 的最高 PCE（表 8.4）。如图 8.1(e) 所示，控制电池和目标电池产生的积分电流密度分别为 17.97 mA/cm² 和 19.10 mA/cm²，这与从 J-V 曲线获取的结果能很好地匹配。

图 8.1(f) 展示了冠军控制电池和目标电池在最大功率点测试的稳态电流密度和 PCE。控制电池

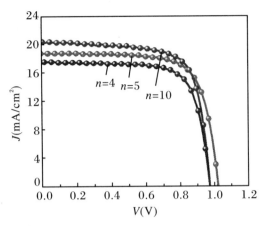

图 8.2　基于不同 n 值的钙钛矿太阳能电池在模拟 AM 1.5G 一个太阳光照射下以 100 mV/s 的扫描速率通过反向扫描（RS）测试的 J-V 曲线，光照强度为 100 mW/cm²

在 600 s 后呈现出 15.39 mA/cm² 的电流密度和 12.88% 的 PCE，而目标电池在同样的时间后呈现出 17.33 mA/cm² 的电流密度和 15.08% 的 PCE。

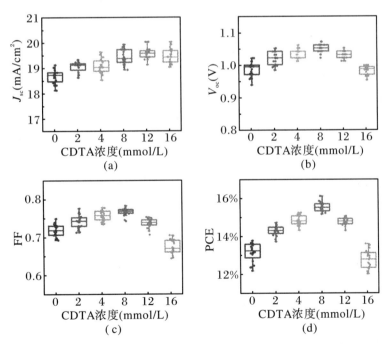

图 8.3　经不同浓度 CDTA 修饰电池的 J_{sc}、V_{oc}、FF 和 PCE 的统计图

这些统计数据来自 20 个独立的电池

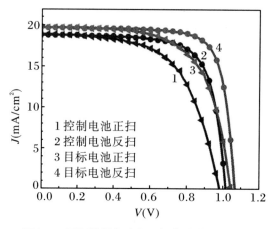

图 8.4　冠军控制电池和目标电池的 *J-V* 曲线

在模拟 AM 1.5G 一个太阳光照射下,以 100 mV/s 的扫描速率进行了反向扫描(RS)和正向扫描(FS)的 *J-V* 曲线,光照强度为 100 mW/cm²

表 8.1　基于不同 *n* 值的钙钛矿太阳能电池的光伏性能参数

n 值	J_{sc}(mA/cm²)	V_{oc}(V)	FF	PCE
4	17.61	0.966	0.729	12.39%
5	18.82	1.015	0.721	13.77%
10	20.39	0.966	0.725	14.29%

这些参数是在模拟 AM 1.5G 一个太阳光照射下通过反向扫描(RS)以 100 mV/s 的扫描速度测得的,光照强度为 100 mW/cm²。

表 8.2　用不同浓度的 CDTA(从 0 到 16 mmol/L)修饰的电池的光伏性能参数

CDTA（mmol/L）		J_{sc}(mA/cm²)	V_{oc}(V)	FF	PCE
0	冠军电池	18.82	1.015	0.721	13.77%
	平均值	18.66±0.26	0.986±0.023	0.714±0.016	13.16%±0.49%
2	冠军电池	19.04	1.043	0.740	14.69%
	平均值	19.03±0.22	1.019±0.020	0.738±0.017	14.29%±0.27%
4	冠军电池	19.38	1.016	0.773	15.21%
	平均值	19.07±0.28	1.034±0.014	0.753±0.013	14.83%±0.25%
8	冠军电池	19.71	1.064	0.766	16.07%
	平均值	19.40±0.29	1.049±0.013	0.762±0.010	15.50%±0.24%

续表

CDTA (mmol/L)		J_{sc} (mA/cm²)	V_{oc} (V)	FF	PCE
12	冠军电池	19.61	1.036	0.740	15.03%
	平均值	19.55 ± 0.25	1.031 ± 0.012	0.733 ± 0.012	$14.75\% \pm 0.19\%$
16	冠军电池	19.43	0.997	0.701	13.59%
	平均值	19.43 ± 0.28	0.982 ± 0.014	0.671 ± 0.049	$12.79\% \pm 0.49\%$

J-V 曲线在模拟 AM 1.5G 一个太阳光照射下,以 100 mV/s 的扫描速度在反向扫描(RS)模式下测得,光照强度为 100 mW/cm²。统计数据是从 20 个独立电池中获取的。

表 8.3　冠军电池的光伏性能参数

电池	扫描方向	J_{sc} (mA/cm²)	V_{oc} (V)	FF	PCE
控制	FS	18.91	0.971	0.595	10.91%
	RS	18.82	1.014	0.721	13.77%
目标	FS	19.70	1.042	0.645	13.25%
	RS	19.71	1.064	0.766	16.07%

这些参数在 AM 1.5G 一个太阳光照射下(光照强度为 100 mW/cm²),通过 RS 和 FS 测得。

表 8.4　已公开发表的无甲胺 DJ 型准二维 PSC 的光伏性能参数总结

钙钛矿	J_{sc} (mA/cm²)	V_{oc} (V)	FF	PCE
$(BDA)FA_4Pb_5I_{16}$	19.71	1.064	0.766	16.07%
$(PDA)FA_3Pb_4I_{13}$	17.30	1.10	0.725	13.8%
$(BDA)(Cs_{0.1}FA_{0.9})_4Pb_5I_{16}$	21.2	1.13	0.76	18.2%

为了比较,本章冠军电池的光伏性能参数也纳入了这张表格。

随后,进行了 XPS 和 FTIR 测试以研究 CDTA 与钙钛矿之间的化学相互作用。如图 8.5(a)所示,控制钙钛矿膜中的 Pb $4f_{7/2}$(137.5 eV)和 Pb $4f_{5/2}$(142.4 eV)峰在经 CDTA 修饰后分别向低结合能方向移动到 137.4 eV 和 142.3 eV,这表明 CDTA 分子与钙钛矿中未配位的 Pb^{2+} 之间存在强烈的化学相互作用,正如之前所预计的那样。XPS 峰的移动趋势与之前的报道一致。[155-156] 如图 8.5(b)和图 8.6 所示,CDTA 样品在 1764.6 cm⁻¹ 处有振动峰,归因于—C＝O,而在经 CDTA 修饰的钙钛矿膜中这一峰移到了更高的波数 1770.4 cm⁻¹ 处。相比之下,在未经 CDTA 修饰的钙钛矿膜中无法观察到—C＝O 的峰。这表明 CDTA 分子中的—C＝O 与钙钛矿膜中未配位的 Pb^{2+} 配位。CDTA 分子中三氮唑类环的—C＝N 振动峰(1638.7 cm⁻¹),在经 CDTA 修饰的钙钛矿膜中移到更高波数 1644.5 cm⁻¹,而在未经 CDTA 修饰的钙钛矿膜中没有观察到—C＝N 对应的峰(图 8.5(c)和图 8.6)。这表明 CDTA 分子中的—C＝N 与钙钛矿膜中未配位的 Pb^{2+} 配位。

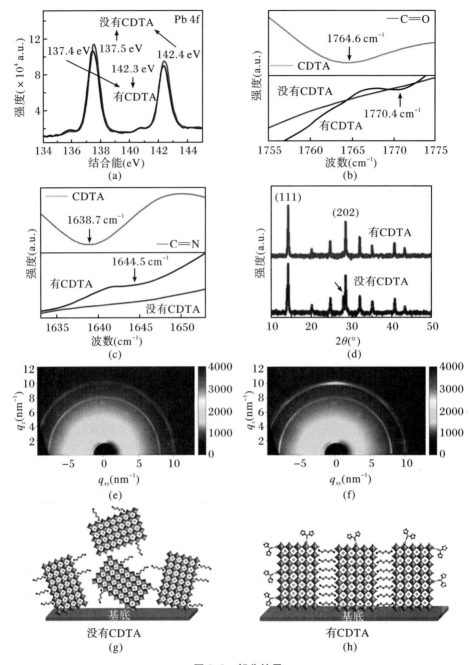

图 8.5　部分结果

（a）经 CDTA 修饰的钙钛矿膜的 XPS 光谱；在（b）1755～1775 cm^{-1}和（c）1633～1653 cm^{-1}范围内，未经和经 CDTA 修饰的钙钛矿膜以及纯 CDTA 的 FTIR 光谱；（d）未经 CDTA 和经 CDTA 修饰的钙钛矿膜在 ITO/SnO$_2$基底上的 XRD 图谱；（e）未经 CDTA 修饰和（f）经 CDTA 修饰的钙钛矿膜的 GIWAXS 图像；钙钛矿晶体在（g）未经 CDTA 和（h）经 CDTA 修饰时在基底上的晶体取向示意图

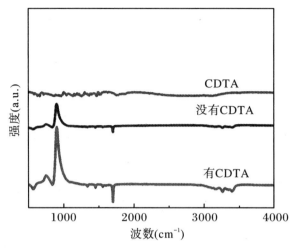

图 8.6　CDTA 以及未经和经 CDTA 修饰的钙钛矿膜的 FTIR 光谱

图 8.7(a)和(b)展示了沉积在 ITO/SnO$_2$基底上的未经和经 CDTA 修饰的钙钛矿膜的正面 SEM 图。很明显，经 CDTA 修饰后晶粒尺寸增大，因此晶界密度降低。从其截面 SEM 图像中，可以看到经 CDTA 修饰后截面略有改善，如图 8.7(c)和(d)所示。接着进行了 XRD 测试以研究 CDTA 对钙钛矿膜晶体结构和结晶度的影响。如图 8.5(d)所示，未经和经 CDTA 修饰的钙钛矿薄膜在 2θ 为 14.42°和 28.53°的位置分别呈现出了相同的主要特征衍射峰，分别对应于立方钙钛矿的(111)和(202)晶面。在经 CDTA 修饰后，与(111)和(202)晶面相对应的衍射峰的强度略有增加。(111)和(202)衍射峰的半高全宽分别从未经 CDTA 修饰的钙钛矿膜的 0.225 和 0.171 减小到经 CDTA 修饰的的 0.115 和 0.111(表 8.5)。上述结果表明在引入 CDTA 添加剂后，钙钛矿膜的结晶度得到了改善，这有利于载流子的传输和提取。接着进行了 GIWAXS 测试以深入了解未经 CDTA 修饰和经 CDTA 修饰的的钙钛矿膜的晶体取向，如图 8.5(e)和(f)所示。与未经 CDTA 修饰的钙钛矿膜相比，经 CDTA 修饰的钙钛矿膜显示出更亮的散射环，对应于钙钛矿的(111)和(202)晶面。并且与未经 CDTA 修饰的膜相比，经 CDTA 修饰的膜的衍射斑点更离散，这表明经 CDTA 修饰后的膜晶体取向更好。改善的结晶度和晶体取向有利于载流子的传输和提取。

表 8.5　未经和经 CDTA 修饰的钙钛矿膜的(111)和(202)衍射峰的半高全宽

钙钛矿膜	(111)	(202)
没有 CDTA	0.225	0.171
有 CDTA	0.115	0.111

接着进行了 SSPL 测试，以深入了解未经和经 CDTA 修饰的钙钛矿膜的相分

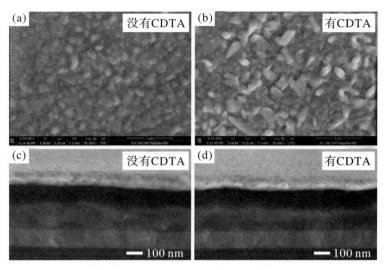

图 8.7　在 ITO/SnO₂ 基底上的未经和经 CDTA 修饰的钙钛矿膜的正面和截面 SEM 图

(a)和(b) 正面 SEM 图;(c)和(d) 截面 SEM 图

布。图 8.8(a)和(b)显示了未经和经 CDTA 修饰的钙钛矿膜的 SSPL 光谱,分别从顶部(钙钛矿侧)和底部(玻璃侧)测得。显然,未经和经 CDTA 修饰的钙钛矿膜在不同波长处均呈现出多个峰,对应于不同 n 值,这表明最终的钙钛矿膜中存在多个钙钛矿相,与之前的研究相符。与顶部(钙钛矿侧)对应于小 n 值($n = 2$、4 和 5)的激发峰相比,未经和经 CDTA 修饰的钙钛矿膜底部(玻璃侧)激发峰的强度减小。这表明,按照 n 值的顺序,有垂直相分离的倾向。换句话说,在钙钛矿膜内,从顶部区域到底部区域,低维度钙钛矿相(对应于小 n 值)的数量逐渐减少,这有利于梯度能带排列的形成,如图 8.8(c)中示意的那样,有助于载流子的传输和提取。之前的研究报道称,这种反向梯度的量子阱(QW)分布可以改善钙钛矿的疏水性,量子阱的梯度结构可以在不同相之间形成 Type-Ⅱ 型能带排列,扩展光子的吸收范围。[157]此外,当从顶部激发时,经 CDTA 修饰后,小 n 值钙钛矿相的数量增加,而 3D 钙钛矿相的数量减少(图 8.8(a))。相比之下,当从底部激发时,经 CDTA 修饰后,小 n 值钙钛矿相的数量相似,而 3D 钙钛矿相的数量增加(图 8.8(b))。以上结果表明,经 CDTA 修饰后,形成了更有利的能带排列。倒置 PSC 中报道的相分布与我们的结论相反。这项研究表明,从载流子传输和提取的角度来看,正向和倒置 PSC 对相分布有不同的要求。

　　紫外可见吸收光谱被用于研究 CDTA 改性对未经和经 CDTA 修饰的钙钛矿膜光吸收的影响,如图 8.9 所示。在波长为 350~500 nm 的范围内,经 CDTA 修饰的钙钛矿膜的吸光度相对于未经 CDTA 修饰的钙钛矿膜略有增强,这可以归因于前面讨论的晶体结构的改善和晶粒尺寸的增加。改善的光吸收效率对应略微增加的 J_{sc} 和 IPCE。接着采用空间电荷限制电流(SCLC)测试计算了未经和经

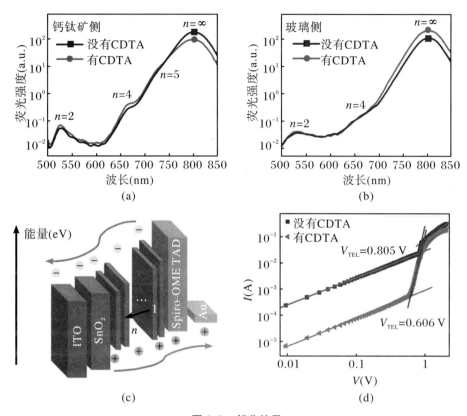

图 8.8　部分结果

未经 CDTA 和经 CDTA 修饰的钙钛矿膜的 SSPL 光谱,测试自(a) 钙钛矿侧和(b) 玻璃侧;(c) 钙钛矿膜的能带排列,其中 n 值从顶部至底部逐渐增大;(d) 具有 ITO/钙钛矿/Au 和 ITO/钙钛矿(CDTA)/Au 结构的电池的暗电流-暗电压曲线

CDTA 修饰的钙钛矿薄膜的缺陷密度。图 8.8(d)显示了具有 ITO/钙钛矿/Au 和 ITO/钙钛矿(CDTA)/Au 结构电池的暗电流-暗电压($I\text{-}V$)曲线。在 $I\text{-}V$ 曲线中可观察到三个区域,即低偏压下呈线性关系的欧姆区、中偏压下呈现急剧增加电流的填充限制区以及高偏压下的无陷阱 SCLC 区。[158-159] 缺陷密度可以根据以下公式进行计算:

$$n_{\mathrm{t}} = \frac{2\varepsilon\varepsilon_0 V_{\mathrm{TFL}}}{eL^2} \tag{8.1}$$

式中,ε 是钙钛矿的介电常数,ε_0 是真空介电常数,e 是元电荷,L 是钙钛矿膜的厚度。通过拟合暗电流-暗电压曲线,可以获得缺陷填充极限电压(V_{TFL})。经 CDTA 修饰的钙钛矿膜(3.60×10^{15} cm^{-3})的缺陷密度明显低于未经 CDTA 修饰的钙钛矿膜(4.78×10^{15} cm^{-3})。总之,CDTA 的修饰降低了缺陷密度,从而抑制了 SRH 非辐射复合,有助于提高 V_{oc} 和 FF。CDTA 中的—C═O 或—C═N 与未配位的 Pb^{2+} 之间的配位相互作用使缺陷钝化,是抑制 SRH 非辐射复合的原因。此外,增

大的晶粒尺寸和相应降低的晶界密度以及改善的晶体结构,也部分地有助于减少 SRH 非辐射复合。

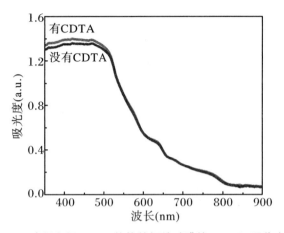

图8.9　未经和经 CDTA 修饰的钙钛矿膜的 UV-Vis 吸收光谱

为了更深入地了解 V_{oc} 和 FF 提高的原因,进行了瞬态光电流(TPC)和瞬态光电压(TPV)衰减测试,以研究控制电池和目标电池的电荷传输和复合。图 8.10 显示了控制电池和目标电池的 TPC 衰减曲线。目标电池的光电流衰减寿命为 1.54 μs,而控制电池为 2.31 μs(表 8.6),这归因于有利的梯度能带排列后改善的载流子提取。如图 8.11(a)和表 8.7 所示,经 CDTA 修饰后,光电压衰减寿命从 0.66 μs 显著提高到 3.09 μs,这表明非辐射复合导致的损失明显减小。在 1 MHz 到 1 Hz 的频率范围内测得的控制电池和目标电池的 Nyquist 图如图 8.11(b)所示。如表 8.8 所示,经 CDTA 修饰后,对应于高频区域中的半圆的电荷转移和传输电阻(R_{ct})略有减小,而对应于低频区域的半圆的复合电阻(R_{rec})大幅增加,从 5000 Ω 增加到 7500 Ω。R_{ct} 的减小是由于晶体结构的改善、晶粒尺寸的增大和能带排列的改善。R_{rec} 的增加是由于缺陷密度的降低。这里还测试了在 1 个太阳光照下,频率范围为 1 MHz 到 1 Hz 时控制电池和目标电池的 Nyquist 图,如图 8.12(a)所示(图 8.12(b)为对应用于拟合的等效电路)。在暗态和光照下,R_{ct} 和 R_{rec} 的变化趋势相同。为了评估电池复合的理想因子(m),本章测试了光强度依赖 V_{oc} 曲线,如图 8.11(c)所示。目标电池的 m(1.45 kT/q)明显低于控制电池(1.75 kT/q),这表明在引入 CDTA 后,非辐射复合明显受到抑制,这与上述 TPV 和 EIS 结果相吻合。测得的控制电池和目标电池的 Mott-Schottky 曲线如图 8.11(d)所示。目标电池的内建电位(V_{bi})从控制电池的 0.851 V 增加到目标电池的 0.953 V,有助于促进电荷转移和传输。经 CDTA 修饰后,提升的 V_{bi} 可能与改善的相分布和有效的缺陷钝化有关。简而言之,由于降低了缺陷密度、促进了载流子转移和传输、抑制了非辐射复合,从而提高了 V_{oc} 和 FF。

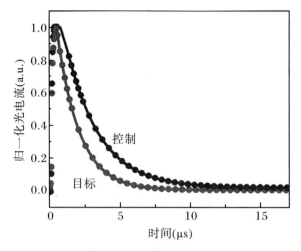

图 8.10　控制电池和目标电池的瞬态光电流衰减曲线

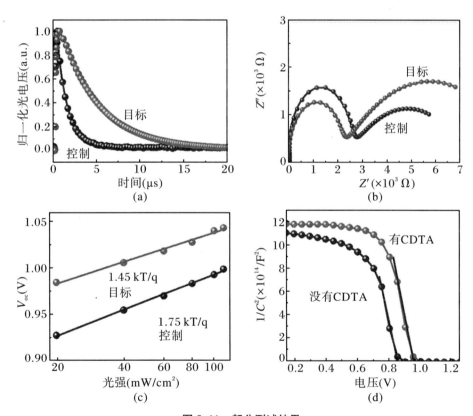

图 8.11　部分测试结果

（a）控制电池和目标电池的瞬态光电压衰减曲线；（b）在 1 MHz 到 1 Hz 的频率范围内，在暗态、偏压为 0.8 V 下测试的控制电池和目标电池的 Nyquist 图；（c）控制电池和目标电池的光强依赖 V_{oc} 曲线；（d）在施加电压下，控制电池和目标电池的 Mott-Schottky 曲线，V_{bi} 由 $1/C^2$ 曲线的截止电压决定

表 8.6　控制和目标电池的 TPC 曲线的拟合结果

	控制	目标
$\tau_1(\mu s)$	0.23	0.15
拟合误差	93.52%	12.24%
$\tau_2(\mu s)$	2.31	1.55
拟合误差	6.48%	87.76%
$\tau_{ave}(\mu s)$	2.31	1.54

表 8.7　控制和目标电池的 TPV 曲线的拟合结果

	控制	目标
$\tau_1(\mu s)$	0.09	2.09
拟合误差	93.52%	12.24%
$\tau_2(\mu s)$	1.23	3.18
拟合误差	6.48%	87.76%
$\tau_{ave}(\mu s)$	0.66	3.09

表 8.8　控制和目标电池的 EIS 拟合参数

电池	$R_s(\Omega)$	$R_{ct}(\Omega)$	$R_{rec}(\Omega)$
控制	1.97	2200	5000
目标	2.78	2000	7500

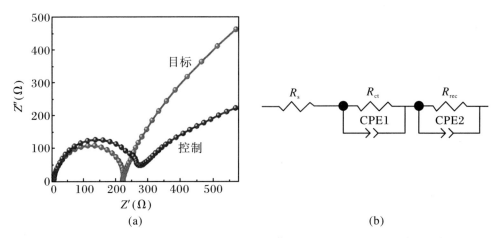

(a)　　　　　　　　　　　　(b)

图 8.12　在一个太阳光照射下,偏压为 0.8 V,频率范围为 1 MHz 到 1 Hz 时的控制电池和目标电池的 Nyquist 图及对应用于拟合的等效电路

最后,对未封装的控制电池和目标电池的长期运行稳定性进行了评估。对于所有稳定性测试,将电池放置在特定条件下,并在模拟 AM 1.5G 一个太阳光照射、光强为 100 mW/cm^2 下定期间隔 RS 测试 J-V 曲线。在室温、15%~20% 的湿度、暗态条件下老化的控制电池和目标电池的环境稳定性如图 8.13(a) 和图 8.14 所示。经过 1080 h 老化后,控制电池的 PCE 保持初始值的 81%,而目标电池的 PCE 保持初始值的 94%。图 8.13(b) 和图 8.15 展示了室温下,在氮气手套箱中由白光 LED 提供的模拟 AM 1.5G 一个太阳光照射下老化的控制电池和目标电池的光稳定性。老化 360 h 后,控制电池的 PCE 降至初始值的 66%,而目标电池的 PCE 降至初始值的 92%。60 ℃、在氮气手套箱中、暗态下老化的控制电池和目标电池的热稳定性如图 8.13(c) 和图 8.16 所示。经过 360 h 老化后,目标电池的 PCE 保持了初始值的 86%,而控制电池仅为 49%。由于多晶钙钛矿膜表面和晶界通常存在大量缺陷,特别是深能级缺陷,因此 PSC 的降解通常首先发生在钙钛矿膜的表面和晶界。[160-161]CDTA 的有效缺陷钝化使缺陷密度降低,这应该是提高电池稳定性的主要原因。此外,晶体结构的改善和晶界密度的降低也应该部分促进了稳定性的提高。总之,经 CDTA 修饰后,电池的稳定性得到了显著改善。

本 章 小 结

总的来说,本章展示了一种用于制备高质量无甲胺 DJ 型准二维钙钛矿膜的多功能添加剂策略,即将同时含有羧基基团和三氮唑类环的 CDTA 分子加入钙钛矿前驱液中。引入 CDTA 后,实现了多重功能,包括调节相分布、增大晶粒尺寸、调节晶体结晶度和取向以及钝化缺陷。经 CDTA 修饰后,形成了更有利的梯度相分布和相应的梯度能带排列,这有利于载流子的传输、转移和提取。改善的晶体结构和晶体取向也有助于载流子的传输和提取。增大的晶粒尺寸和有效的缺陷钝化有助于降低缺陷密度。上述多重功能共同作用提高了电池的 PCE 和稳定性。因此,目标电池在未封装的状态下,在相对湿度为 15%~20% 的条件下老化 1080 h 后,PCE 保持了初始值的 94%PCE;在模拟 AM 1.5G 一个太阳光照射下老化 360 h 后,PCE 保持了初始值的 92%;在 60 ℃ 下老化 360 h 后,PCE 保持了初始值的 86%。本章的研究为开发高效和稳定的 PSC 的多功能添加剂分子提供了有效策略。

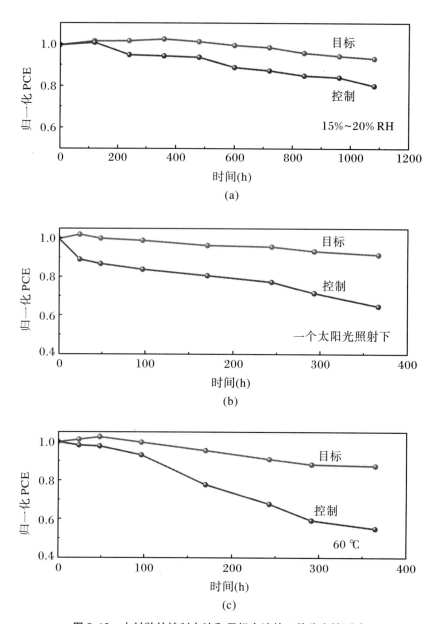

图 8.13　未封装的控制电池和目标电池的工件稳定性测试

(a) 在室温、15%～20% 的湿度、暗态下未封装的控制电池和目标电池的环境稳定性；(b) 室温下，在氮气手套箱中经过一个太阳光照射老化的未封装控制电池和目标电池的光稳定性；(c) 60 ℃、在氮气手套箱中、暗态下老化的未封装控制电池和目标电池的热稳定性

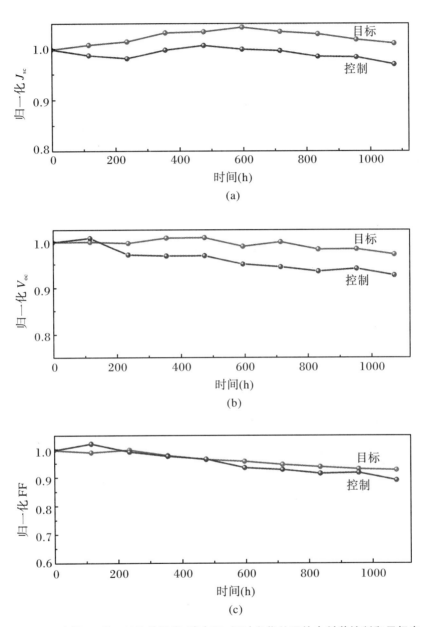

图 8.14　室温、15%～20% 的温度、暗态下，经过老化处理的未封装控制和目标电池的 J_{sc}、V_{oc} 和 FF 随时间变化的曲线图

利用模拟 AM 1.5G 一个太阳光照射，光强度为 100 mW/cm^2 以 100 mV/s 的速度进行反向扫描(RS)测得 J-V 曲线

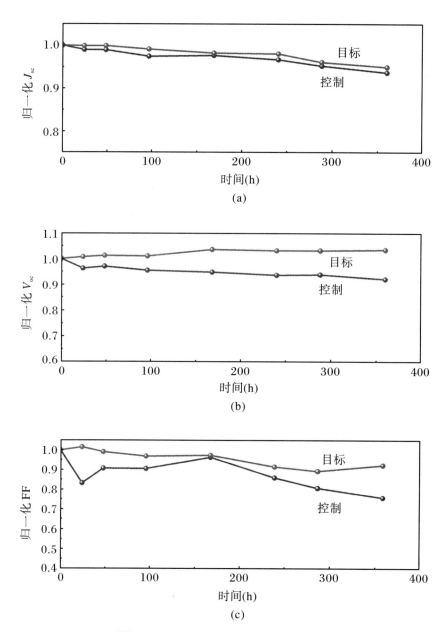

图 8.15　J_{sc}、V_{oc} 和 FF 随时间变化的函数

室温下,在氮气手套箱中使用由白光 LED 提供的模拟 AM 1.5G 一个太阳光照射(强度为 100 mW/cm²)下进行老化的未封装控制电池和目标电池。通过模拟AM 1.5G 一个太阳光照射,光强度为 100 mW/cm²,以 100 mV/s 的速度反向扫描(RS)测得 *J-V* 曲线

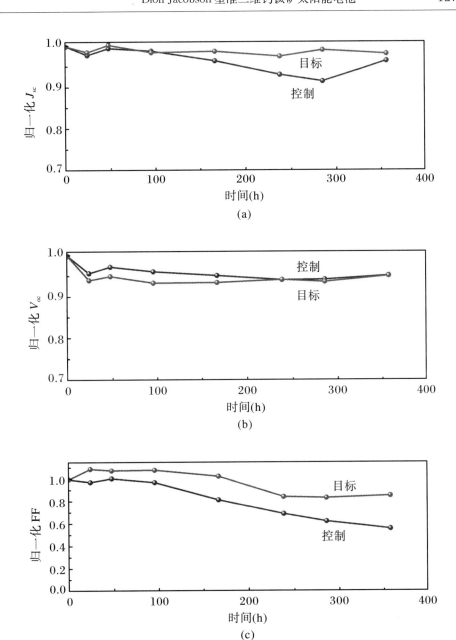

图 8.16　60 ℃、在充氮的手套箱中、暗态环境下老化的未封装控制电池和目标电池的
　　　J_{sc}、V_{oc} 和 FF 随时间变化的函数

在模拟 AM 1.5G 一个太阳光照射，光强度为 100 mW/cm^2，以 100 mV/s 的速度反向扫描测得
$J\text{-}V$ 曲线

第9章 基于TiO₂均相杂化结构改善钙钛矿太阳能电池的光伏性能

9.1 引　　言

　　二氧化钛由于具有合适的能带结构、光稳定性、无毒性和高化学惰性,被认为是开发纳米结构极佳的候选材料之一。[162-165]在各种二氧化钛纳米结构中,二氧化钛纳米片(TiO₂ NSs)因具有大的表面积而被广泛应用于太阳能电池领域中。[166]已有许多基于TiO₂纳米片制备钙钛矿太阳能电池的报道。[167-168]尽管基于TiO₂纳米片的钙钛矿太阳能电池呈现了出色的光伏性能,但二氧化钛纳米片膜中出现的针孔会导致钙钛矿$CH_3NH_3PbI_3$(MAPbI₃)和氟掺杂氧化锡(FTO)的接触,进而导致电池的性能变差。鉴于以上问题,可以引入具有高比表面积的二氧化钛纳米颗粒(TiO₂ NPs)来消除针孔并保持TiO₂纳米片的特定大比表面积。[169-171]TiO₂纳米颗粒沉积到TiO₂纳米片上,可以形成一种独特的TiO₂纳米片/纳米颗粒(TiO₂ NSs/NPs)均相杂化结构。这种结构预计可以同时具有更大的比表面积和更少的针孔。因此,它会增加钙钛矿太阳能电池的光电转换效率。然而,到目前为止,关于这些问题的相关研究很少被报道。

　　这里,我们介绍一种TiO₂ NSs/NPs均相杂化结构,将其作为钙钛矿太阳能电池的电子传输层,该结构通过简单的水热法和化学浴沉积法制备。基于TiO₂ NSs/NPs均相杂化结构的钙钛矿太阳能电池的光伏性能优于仅有TiO₂纳米片的,这是由于引入了二氧化钛纳米颗粒。这种均相杂化结构的提出为改善钙钛矿太阳能电池性能提供了一种新的策略。

9.2　实　验　部　分

9.2.1　制备

1. c-TiO₂ 膜的制备

首先,将 FTO 玻璃基底依次使用去离子水、丙酮、异丙醇和乙醇超声波清洗 20 min。在 N₂ 流动下吹干后,通过化学浴沉积(CBD)法将 c-TiO₂ 膜沉积在清洁的 FTO 基底上,使用 0.06 mol/L TiCl₄ 水溶液在 70 ℃ 下处理 30 min。在大气环境条件下,将 c-TiO₂ 膜在 450 ℃ 下退火 30 min。

2. TiO₂ NSs 膜的制备

首先,将 15 mL 的去离子水和 15 mL 的浓盐酸(质量分数为 36.5%～38%)混合,制备前驱液。搅拌 5 min 后,向混合溶液中加入 0.5 mL 的钛酸四丁酯(TBT)。在向其中加入 0.25 g 的六氟钛酸铵((NH₄)₂TiF₆)之前,将溶液搅拌 20 min;加入后,将溶液搅拌 5 min。接着,将 FTO/c-TiO₂ 基底放入一个体积为 50 mL 的覆以聚四氟乙烯的钢制高压釜中。将上述配制的溶液倒入高压釜中,然后将其置于电烤箱中,在 170 ℃ 下分别加热 1 h、2 h、3 h 和 4 h。冷却至室温后,取出基底并用蒸馏水清洗。最后,在空气中,以 550 ℃ 热处理 TiO₂ 纳米片膜 1 h。

致密型 TiO₂(c-TiO₂)膜和 TiO₂ 纳米片膜是通过简单的化学浴沉积法和水热法合成的。[172-173]TiO₂ 纳米片膜是在 170 ℃、3 h 的水热条件下制备的,并在空气中于 550 ℃ 下退火 2 h。为了沉积 TiO₂ 纳米颗粒,将 FTO/c-TiO₂/TiO₂ 纳米片基底置于 70 ℃、0.07 mol/L TiCl₄ 的水溶液中 30 min。此外,TiO₂ 纳米颗粒膜在空气气氛下于 450 ℃ 退火 15 min。整个制备 TiO₂ 纳米颗粒膜的过程称为一个循环(C)。这里,该过程分别重复 1C、3C、5C、7C 和 9C。最后,样品在空气中于 450 ℃ 下退火 30 min,并在冷却至室温后取出。

在沉积 CH₃NH₃PbI₃ 之前,用紫外臭氧处理 TiO₂ 基底 15 min。然后,先以 500 r/min 的低速旋涂 50 μL PbI₂(462 mg/mL PbI₂,在 DMF 中)到基底(1.5 cm× 1.5 cm)上,旋涂 5 s,紧接着以 4000 r/min 高速旋涂 30 s。之后,样品在 100 ℃ 下退火 20 min。CH₃NH₃I(MAI)是按照文献[174]中的技术合成的,将 200 μL MAI (10 mg/mL,在异丙醇中)旋涂到基底上。用异丙醇清洗后,将钙钛矿膜在 100 ℃ 下退火 40 min。将 30 μL 的空穴传输材料 Spiro-OMeTAD(72.3 mg)溶解在 1 mL 氯苯中制备 Spiro-OMeTAD 溶液,然后向上述溶液中加入 28.8 μL 4-叔丁基吡啶

和 17.5 μL 双三氟甲烷磺酰亚胺锂溶液(520 mg Li-TSFI 溶解在 1 mL 乙腈中)以 4000 r/min 的转速旋涂 10 s 到钙钛矿膜上。[175]最后,通过蒸镀沉积 Ag 背电极。

9.2.2　表征

用 Magellan 400 扫描电子显微镜观察膜的微结构和形态。用 JEOL JEM-2100F 电子显微镜进行透射电子显微镜和高分辨 TEM (HRTEM)测试。采用 X 射线衍射仪(Rigaku D/max-2500,Cu K_α 辐射,$\lambda = 1.5418$ Å)对组分和晶体结构进行分析。用 UV-3150 双光束分光光度计在室温下测试 200~1000 nm 范围内的紫外可见光(UV-vis)吸收光谱。采用 Keithley 2400 数字电源表测试并记录太阳能电池的 J-V 曲线。

9.3　结果与讨论

9.3.1　扫描电子显微镜图像分析

为了获得制备 PSC 电子传输层的最佳条件,本章制备了不同反应时间的纳米片膜,以获得尺寸和密度不同的 TiO_2 纳米片阵列。可以发现 TiO_2 纳米片的形状随时间明显改变(图 9.1)。如图 9.1(a)所示,一开始,TiO_2 纳米片会在 FTO 上垂直生长。并且,在垂直的 TiO_2 纳米片上形成了 TiO_2 纳米片团簇。单个 TiO_2 纳米片的边长为 90 nm,厚度为 5 nm。当反应时间增加到 2 h 后,TiO_2 纳米片变大,边长达到 200 nm,厚度为 25 nm。有趣的是,TiO_2 纳米片膜上没有形成团簇(图 9.1(b))。在图 9.1(c)中,随着反应时间的进一步延长,TiO_2 纳米片阵列比 2 h 的更有序。TiO_2 纳米片的边长为 370 nm,厚度为 30 nm。图 9.1(d)显示的是 4 h 的 TiO_2 纳米片薄膜,可以看到,TiO_2 纳米片比 3 h 的更密集。TiO_2 纳米片的厚度增加到 40 nm,边长没有变化。

图 9.2 显示了在不同循环周期下将 TiO_2 纳米颗粒沉积到 TiO_2 纳米片上后的 TiO_2 纳米片的正面 SEM 图。TiO_2 纳米片被 TiO_2 纳米颗粒均匀地包覆,TiO_2 纳米片的表面逐渐变粗糙。TiO_2 纳米片上吸附的 TiO_2 纳米颗粒有明显增加,且可以形成完整的 TiO_2 纳米片/纳米颗粒均相杂化膜。图 9.2(b)的插图是沉积 1C TiO_2 纳米颗粒后 TiO_2 纳米片的放大图。由于{001}面具有高表面能和活性,可以吸附更多颗粒。图 9.2(e)的插图是沉积 7C TiO_2 纳米颗粒后 TiO_2 纳米片的放大图。

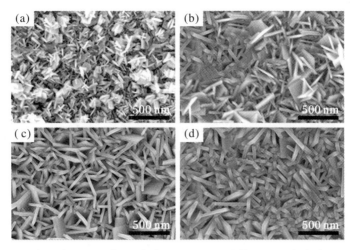

图 9.1 170 ℃下水浴不同时间制备在 FTO/c-TiO₂ 上的 TiO₂ 纳米片的正面 SEM 图

(a) 1 h;(b) 2 h;(c) 3 h;(d) 4 h

图 9.2 TiO₂ 纳米片上沉积 TiO₂ 纳米颗粒后的正面 SEM 图

(a) 0C;(b) 1C;(c) 3C;(d) 5C;(e) 7C;(f) 9C。(b)和(e)中的插图分别展示了 1C 和 7C TiO₂ 纳米片/纳米颗粒的放大图

如图 9.3(a)所示,定向生长在 FTO/c-TiO₂ 基底上的 TiO₂ 纳米片膜相对平滑且垂直,为电子提供了传输路径,膜厚约为 370 nm。图 9.3(b)是沉积 7C TiO₂ 纳米颗粒后的 TiO₂ 纳米片膜的 SEM 图,显然,TiO₂ 纳米片的表面变得更粗糙,有利于与 MAPbI₃ 的结合。[176]图 9.3(c)和(d)分别显示了无 TiO₂ 纳米颗粒和含 7C TiO₂ 纳米颗粒的太阳能电池的横截面 SEM 图。MAPbI₃ 晶体紧密地排列在 TiO₂ 基底的表面。当电子传输层未涂覆 TiO₂ 纳米颗粒时,可以看到一些针孔,如图 9.3(c)所示。然而,在 TiO₂ 纳米片/纳米颗粒/MAPbI₃ 中没有看到针孔,这可能是因为形成了完整的 TiO₂ 纳米片/纳米颗粒膜。因此,基于该膜的电池获得了更高的光电转换效率。

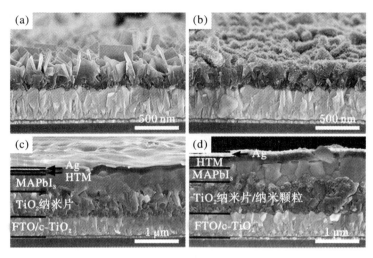

图 9.3　SEM 图像

(a) TiO₂纳米片膜的横截面；(b) 沉积了 7C TiO₂纳米颗粒的 TiO₂纳米片膜；(c) 基
于 TiO₂纳米片的电池以及(d) 基于 TiO₂纳米片/7C TiO₂纳米颗粒的电池的横截面

　　作为对比，本章还制作了基于 7C TiO₂纳米颗粒的 PSC。图 9.4(a)是 FTO/
c-TiO₂/7C TiO₂纳米颗粒的正面 SEM 图，图 9.4(b)是其放大 SEM 图。可以看
出，TiO₂纳米颗粒在 FTO/c-TiO₂基底上均匀生长。图 9.4(c)是 FTO/c-TiO₂/
7C TiO₂纳米颗粒的截面 SEM 图像，TiO₂纳米颗粒的平均厚度为 41.15 nm。

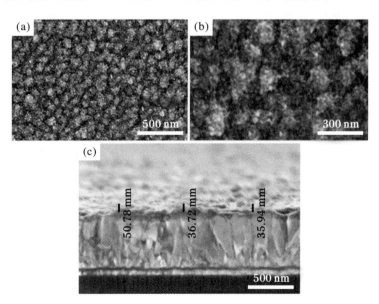

图 9.4　FTO/c-TiO₂/7C TiO₂ 纳米颗粒的 SEM 图

(a) 正面 SEM 图；(b) 放大 SEM 图；(c) 截面 SEM 图

9.3.2　透射电子显微镜和高分辨透射电子显微镜分析

通过 TEM 表征了 TiO₂ 纳米片/纳米颗粒纳米结构的详细显微特征,如图 9.5 所示。图 9.5(a)清楚地显示 TiO₂ 纳米颗粒均匀地生长在 TiO₂ 纳米片上。这种均相结构在超声处理过程中没有被破坏,表明 TiO₂ 纳米片和 TiO₂ 纳米颗粒紧密结合在一起。

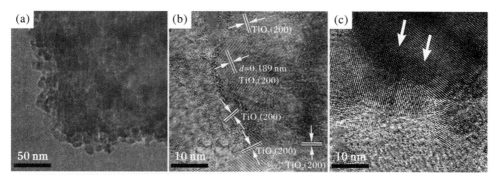

图 9.5　TiO₂ 纳米片/纳米颗粒的 TEM 亮场图像以及 HRTEM 图像

为阐明生长机制,进行了 HRTEM 测试。如图 9.5(b)所示,HRTEM 显示相邻晶格条纹之间的晶面间距为 0.189 nm,与 TiO₂ 纳米颗粒的(200)晶面(JCPDS no.21-1272)的晶面间距相对应。TEM 和 HRTEM 图像表明,TiO₂ 纳米颗粒呈现均匀的小颗粒微结构,平均粒径为 10～20 nm。如图 9.5(c)所示,通过 HRTEM 观察到了 TiO₂ 纳米片和 TiO₂ 纳米颗粒的晶格交错,即图中箭头指向连接部位。大量的生长界面会产生更多的电荷传输通道,从而提高电子传输效率。

9.3.3　相组成和相结构

图 9.6(a)显示了所制备的膜的 XRD 图谱,以表征晶体结构。TiO₂ 纳米片阵列膜的衍射峰与现有的参考数据非常吻合(JCPDS no.21-1272)。此外,在沉积 7C TiO₂ 纳米颗粒后,未检测到新的衍射峰。曲线 c 显示 FTO/c-TiO₂/TiO₂ 纳米片/7C TiO₂ 纳米颗粒/MAPbI₃ 的 XRD 图谱。除了 FTO、TiO₂ 的衍射峰和 PbI₂ 的一个弱峰(12.7°)外,其他衍射峰都对应于 MAPbI₃。这表明 MAPbI₃ 具有高纯度,并已成功涂覆在 TiO₂ 膜的表面。MAPbI₃ 的衍射峰锐利,表明 MAPbI₃ 具有良好的结晶性。

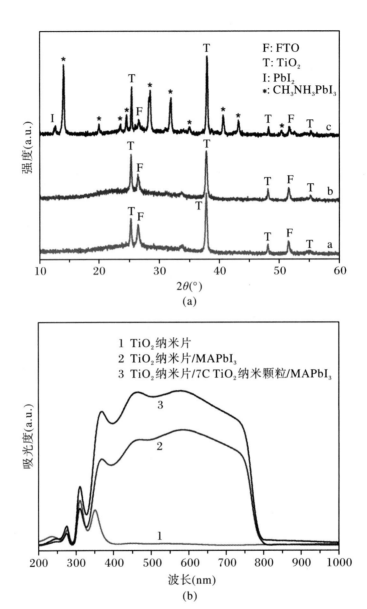

图 9.6　XRD 图谱和紫外可见吸收光谱

（a）从底部到顶部依次为 FTO/c-TiO₂/TiO₂ 纳米片、FTO/c-TiO₂/TiO₂ 纳米片/7C TiO₂ 纳米颗粒和 FTO/c-TiO₂/TiO₂ 纳米片/7C TiO₂ 纳米颗粒/MAPbI₃ 的 XRD 图谱；（b）膜的紫外可见吸收光谱

9.3.4　紫外可见吸收光谱

图 9.6(b) 为 TiO$_2$ 纳米片膜、TiO$_2$ 纳米片/MAPbI$_3$ 膜和 TiO$_2$ 纳米片/7C TiO$_2$ 纳米颗粒/MAPbI$_3$ 膜的紫外可见吸收光谱。TiO$_2$ 纳米片膜的吸收峰出现在约 370 nm 处，由于 TiO$_2$ 的较大带隙，该膜对可见光没有明显吸收。[177-178] 然而，涂覆 MAPbI$_3$ 后，TiO$_2$ 纳米片/MAPbI$_3$ 膜在 350~800 nm 范围内表现出优异的光吸收能力，吸光度大大增加。这种变化表明，沉积的 MAPbI$_3$ 显著延伸了 TiO$_2$ 纳米片膜对可见光的光响应。值得注意的是，在 TiO$_2$ 纳米片膜与 TiO$_2$ 纳米颗粒结合 7C 之后，TiO$_2$ 纳米片/7C TiO$_2$ 纳米颗粒/MAPbI$_3$ 膜比 TiO$_2$ 纳米片/MAPbI$_3$ 膜表现出更强的吸收。这一结果表明，MAPbI$_3$ 膜与 TiO$_2$ 纳米片/纳米颗粒膜的结合优于与 TiO$_2$ 纳米片膜的结合。

9.3.5　基于 TiO$_2$ 纳米片/纳米颗粒膜的钙钛矿 太阳能电池的光伏特性

图 9.7 显示了在 AM 1.5G 一个太阳光照射下，基于不同反应时间下的 TiO$_2$ 纳米片膜的钙钛矿太阳能电池的 J-V 曲线。当水热反应时间为 1 h 时，PSC 显示出较低的 PCE。出现该结果是由于 TiO$_2$ 纳米片膜太薄，薄膜很难与 MAPbI$_3$ 结合。通过增加反应时间，这个现象得到缓解，PSC 的 PCE 得到改善。当反应时间达到 3 h 时，PSC 显示出最佳的光伏性能，V_{oc} = 0.75 V，J_{sc} = 7.76 mA/cm^2，FF = 0.35，对应的 PCE 为 2.05%（表 9.1）。当反应时间延长到 4 h 时，由于 TiO$_2$ 纳米片的大的密度和小的比表面积，PCE 下降。

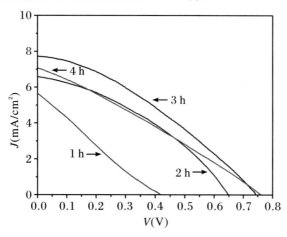

图 9.7　基于不同反应时间下的 TiO$_2$ 纳米片膜的钙钛矿太阳能电池的 J-V 曲线

表 9.1　基于不同反应时间下的 TiO₂ 纳米片膜的钙钛矿太阳能电池的光伏性能参数

TiO₂ 纳米片的反应时间(h)	J_{sc}(mA/cm²)	V_{oc}(V)	FF	PCE
1	5.70	0.42	0.23	0.56%
2	6.66	0.65	0.36	1.77%
3	7.76	0.75	0.35	2.05%
4	7.06	0.76	0.30	1.58%

　　为探究不同量 TiO₂ 纳米颗粒对电池光伏性能的影响,本章进行了 TiO₂ 纳米颗粒的连续沉积循环(C)实验。电池的工作面积为 0.15 mm²。所有 *J-V* 曲线都是在空气中,从反向扫描获得的(偏置扫描速率为 100 mV/s)。图 9.8 显示了 AM 1.5G 一个太阳光照射下太阳能电池的 *J-V* 曲线,相应的参数汇总在表 9.2 中。刚开始,随着循环次数增加,TiO₂ 纳米颗粒增加,光伏性能有所提高,表明纳米颗粒量的增加诱导了更优异的光伏特性。令人惊讶的是,当循环次数为 9C 时,光伏性能开始下降。当循环次数为 7C 时,电池呈现出最佳 PCE 5.39%,此时开路电压 V_{oc} = 0.82 V,短路电流密度 J_{sc} = 17.06 mA/cm²,填充因子 FF = 0.40。由于针孔会产生电荷损失,所以在前 7 个循环中 V_{oc} 随着针孔的减少而显著增加。TiO₂ 纳米颗粒沉积在 TiO₂ 纳米片上后,MAPbI₃ 的晶粒尺寸大于基于纯 TiO₂ 纳米片的晶粒尺寸。较大的晶粒尺寸导致晶界更少,因此相应的 J_{sc} 有所改善。[179] 随着 TiO₂ 纳米颗粒的增加,TiO₂ 纳米片阵列的表面显得更粗糙。这种更粗糙的表面有利于 MAPbI₃ 的沉积,并将改善 PSC 的填充因子。然而,当沉积循环次数超过 7

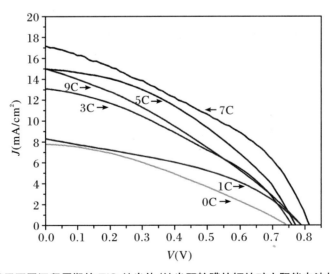

图 9.8　基于不同沉积周期的 TiO₂ 纳米片/纳米颗粒膜的钙钛矿太阳能电池的 *J-V* 曲线

时,电池性能下降。这种现象可能是由过多的 TiO₂ 纳米颗粒晶界造成的。当 TiO₂ 纳米片/纳米颗粒膜将电子从 MAPbI₃ 传输到 FTO 时,更多的晶界会导致更多电子湮灭,这必然会降低 PSC 的光伏特性。图 9.9 和表 9.3 为钙钛矿太阳能电池 FTO/c-TiO₂/TiO₂ 纳米片/7C TiO₂ 纳米颗粒/CH₃NH₃PbI₃/HTM/Ag 的正反扫 J-V 曲线及相应光伏性能参数。电池的正扫 PCE 为 4.68%,开路电压 $V_{oc}=0.77$ V,短路电流密度 $J_{sc}=17.18$ mA/cm²,填充因子 FF = 0.35。

表 9.2　TiO₂ 纳米片/纳米颗粒/CH₃NH₃PbI₃ 太阳能电池的光伏性能参数

TiO₂ 纳米片的循环周期	J_{sc}(mA/cm²)	V_{oc}(V)	FF	PCE
0	4.27	0.68	0.30	0.86%
1	6.59	0.8	0.38	2.07%
3	12.91	0.78	0.37	3.72%
5	14.65	0.79	0.42	4.8%
7	17.06	0.82	0.40	5.39%
9	14.87	0.79	0.35	3.89%

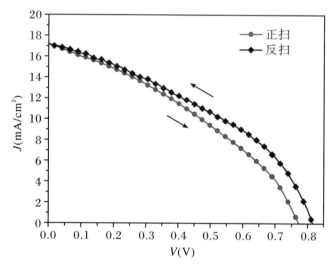

图 9.9　钙钛矿太阳能电池 FTO/c-TiO₂/TiO₂ 纳米片/7C TiO₂ 纳米颗粒/CH₃NH₃ PbI₃/HTM/Ag 的 J-V 曲线

表 9.3　FTO/c-TiO₂/TiO₂ 纳米片/7C TiO₂ 纳米颗粒/CH₃NH₃PbI₃/HTM/Ag 太阳能电池的光伏性能参数

	J_{sc}(mA/cm²)	V_{oc}(V)	FF	PCE
正扫	17.18	0.77	0.35	4.68%
反扫	17.06	0.82	0.40	5.39%

图9.10显示了基于7C TiO$_2$纳米颗粒和3 h TiO$_2$纳米片/7C TiO$_2$纳米颗粒的PSC的J-V曲线,相应的参数总结在表9.4中。在AM 1.5G一个太阳光照射下,基于7C TiO$_2$纳米颗粒的PSC呈现出4.32%的PCE,V_{oc}为0.79 V,J_{sc}为14.7 mA/cm^2,FF为0.37。与之相比,基于3 h TiO$_2$纳米片/7 C TiO$_2$纳米颗粒的PSC显示出优越的光伏特性。

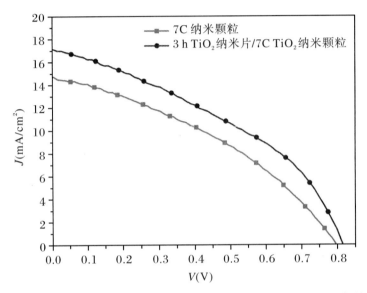

图9.10 基于7C TiO$_2$纳米颗粒和3 h TiO$_2$纳米片/7C TiO$_2$纳米颗粒的钙钛矿太阳能电池的J-V曲线

表9.4 FTO/c-TiO$_2$/3 h TiO$_2$纳米片/7C TiO$_2$纳米颗粒/CH$_3$NH$_3$PbI$_3$/HTM/Ag 和 FTO/c-TiO$_2$/7 C TiO$_2$纳米颗粒/CH$_3$NH$_3$PbI$_3$/HTM/Ag 太阳能电池的光伏性能参数

电子传输层	J_{sc}(mA/cm^2)	V_{oc}(V)	FF	PCE
7C TiO$_2$纳米颗粒	14.7	0.79	0.37	4.32%
3 h TiO$_2$纳米片/7C TiO$_2$纳米颗粒	17.06	0.82	0.40	5.39%

图9.11为基于TiO$_2$纳米片/纳米颗粒以及仅有TiO$_2$纳米片的PSC的示意图。空穴是由空穴传输层传输到对电极的(短箭头)。电子由TiO$_2$纳米颗粒(细箭头)和TiO$_2$纳米片/纳米颗粒(粗箭头)传输到FTO。与仅有TiO$_2$纳米片的电池相比,TiO$_2$纳米片/纳米颗粒均相杂化膜中针孔更少,并且这种杂化膜具有更大的比表面积。因此,基于TiO$_2$纳米颗粒/纳米片均相杂化结构的PSC的光伏性能显著提高。

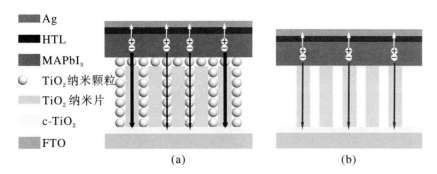

图 9.11　基于 TiO₂ 纳米片/纳米颗粒均相杂化结构的 PSC 示意图和仅有 TiO₂ 纳米片的 PSC 示意图

本 章 小 结

我们采用水热法和化学浴沉积法制备了 TiO₂ 纳米片/纳米颗粒均相杂化结构，作为钙钛矿太阳能电池中的电子传输材料。当 TiO₂ 纳米颗粒在 TiO₂ 纳米片上沉积 7 个循环周期时，基于 TiO₂ 纳米片/纳米颗粒均相杂化结构的太阳能电池在 AM 1.5G 光照条件下呈现出 5.39% 的最佳 PCE。与仅有 TiO₂ 纳米片的膜相比，粗糙无针孔的 TiO₂ 纳米片/纳米颗粒均相杂化膜与甲胺铅碘化物的结合效果更好。因此，这种特殊的结构具有改善钙钛矿太阳能电池光伏性能的潜力。

参 考 文 献

[1] MØller C. Crystal structure and photoconductivity of caesium plumbohalides [J]. Nature, 1958, 182(4647): 1436.

[2] Kojima A, Teshima K, Shirai Y, et al. Organometal halide perovskites as visible-light sensitizers for photovoltaic cells [J]. Journal of the American Chemical Society, 2009, 131(17): 6050-6051.

[3] Wehrenfennig C, Eperon G E, Johnston M B, et al. High charge carrier mobilities and lifetimes in organolead trihalide perovskites [J]. Advanced Materials, 2014, 26(10): 1584-1589.

[4] Stranks S D, Eperon G E, Grancini G, et al. Electron-hole diffusion lengths exceeding 1 micrometer in an organometal trihalide perovskite absorber [J]. Science, 2013, 342 (6156): 341-344.

[5] Lo M F, Guan Z Q, Ng T W, et al. Electronic structures and photoconversion mechanism in perovskite/fullerene heterojunctions [J]. Advanced Functional Materials, 2015, 25(8): 1213-1218.

[6] Burschka J, Pellet N, Moon S, et al. Sequential deposition as a route to high-performance perovskite-sensitized solar cells [J]. Nature, 2013, 499(7458): 316.

[7] Cho H, Jeong S, Park M, et al. Overcoming the electroluminescence efficiency limitations of perovskite light-emitting diodes [J]. Science, 2015, 350(6265): 1222-1225.

[8] Stoeckel M, Gobbi M, Bonacchi S, et al. Reversible, fast, and wide-range oxygen sensor based on nanostructured organometal halide perovskite [J]. Advanced Materials, 2017, 29(38): 1702469.

[9] Lee Y, Kwon J, Hwang E, et al. High-performance perovskite-graphene hybrid photodetector [J]. Advanced Materials, 2015, 27(1): 41-46.

[10] Zhu H, Fu Y, Meng F, et al. Lead halide perovskite nanowire lasers with low lasing thresholds and high quality factors [J]. Nature Materials, 2015, 14(6): 636.

[11] Bu T, Liu X, Zhou Y, et al. A novel quadruple-cation absorber for universal hysteresis elimination for high efficiency and stable perovskite solar cells [J]. Energy & Environmental Science, 2017, 10(12): 2509-2515.

[12] Saidaminov M, Abdelhady A, Murali B, et al. High-quality bulk hybrid perovskite single crystals within minutes by inverse temperature crystallization [J]. Nature Communications, 2015, 6: 7586.

[13] Stranks S, Nayak P, Zhang W, et al. Formation of thin films of organic-inorganic perovskites for high-efficiency solar cells [J]. Angewandte Chemie International Edition, 2015, 54(11): 3240-3248.

[14] Xiao M, Huang F, Huang W, et al. A fast deposition-crystallization procedure for highly efficient lead iodide perovskite thin-film solar cells [J]. Angewandte Chemie International Edition, 2014, 53(37): 9898-9903.

[15] Zheng E, Wang X, Song J, et al. PbI$_2$-based dipping-controlled material conversion for compact layer free perovskite solar cells [J]. ACS Applied Materials & Interfaces, 2015, 7(32): 18156-18162.

[16] Im J, Lee C, Lee J, et al. 6.5% efficient perovskite quantum-dot-sensitized solar cell [J]. Nanoscale, 2011, 3(10): 4088-4093.

[17] Kim H, Lee C, Im J, et al. Lead iodide perovskite sensitized all-solid-state submicron thin film mesoscopic solar cell with efficiency exceeding 9% [J]. Scientific Reports, 2012, 2: 591.

[18] Lee M, Teuscher J, Miyasaka T, et al. Efficient hybrid solar cells based on meso-superstructured organometal halide perovskites [J]. Science, 2012, 338(6107): 643-647.

[19] Liu M, Johnston M, Snaith H. Efficient planar heterojunction perovskite solar cells by vapour deposition [J]. Nature, 2013, 501(7467): 395.

[20] Lee J, Seol D, Cho A, et al. High-efficiency perovskite solar cells based on the black polymorph of HC(NH$_2$)$_2$PbI$_3$ [J]. Advanced Materials, 2014, 26(29): 4991-4998.

[21] Jeon N, Noh J, Yang W, et al. Compositional engineering of perovskite materials for high-performance solar cells [J]. Nature, 2015, 517(7535): 476.

[22] Yang W, Noh J, Jeon N, et al. High-performance photovoltaic perovskite layers fabricated through intramolecular exchange [J]. Science, 2015, 348(6240): 1234-1237.

[23] Minjin Kim, Jaeki Jeong, Haizhou Lu, et al. Conformal quantum dot-SnO$_2$ layers as electron transporters for efficient perovskite solar cells [J]. Science, 2022, 375: 302-306.

[24] Zhang Y, Zhao J, Zhang J, et al. Interface engineering based on liquid metal for compact-layer-free, fully printable mesoscopic perovskite solar cells [J]. ACS Applied Materials & Interfaces, 2018, 10(18): 15616-15623.

[25] Qin Q, Zhang Z, Cai Y, et al. Improving the performance of low-temperature planar perovskite solar cells by adding functional fullerene end-capped polyethylene glycol derivatives [J]. Journal of Power Sources, 2018, 396: 49-56.

[26] Ke W, Xiao C, Wang C, et al. Employing lead thiocyanate additive to reduce the hysteresis and boost the fill factor of planar perovskite solar cells [J]. Advanced Materials, 2016, 28(26): 5214-5221.

[27] Lu H, Tian W, Gu B, et al. TiO$_2$ electron transport bilayer for highly efficient planar perovskite solar cell [J]. Small, 2017, 13(38): 1701535.

[28] Choi J, Song S, Ho-rantner M, et al. Well-defined nanostructured, single-crystalline TiO$_2$ electron transport layer for efficient planar perovskite solar cells [J]. ACS Nano, 2016, 10(6): 6029-6036.

[29] Zhao D, Ke W, Grice C R, et al. Annealing-free efficient vacuum-deposited planar perovskite solar cells with evaporated fullerenes as electron-selective layers [J]. Nano Energy, 2016, 19: 88-97.

[30] Yang D, Yang R, Wang K, et al. High efficiency planar-type perovskite solar cells with negligible hysteresis using EDTA-complexed SnO$_2$ [J]. Nature Communications, 2018, 9(1): 3239.

[31] Tan H, Jain A, Voznyy O, et al. Efficient and stable solution-processed planar perovskite solar cells via contact passivation [J]. Science, 2017, 355(6326): 722-726.

[32] Kroemer H. Quasi-electric fields and band offsets: teaching electrons new tricks (Nobel lecture) [J]. ChemPhysChem, 2001, 2(8/9): 490-499.

[33] Li W, Zhang W, Van Reenen S, et al. Enhanced UV-light stability of planar heterojunction perovskite solar cells with caesium bromide interface modification [J]. Energy & Environmental Science, 2016, 9(2): 490-498.

[34] Zhang Y, Wang P, Yu X, et al. Enhanced performance and light soaking stability of planar perovskite solar cells using an amine-based fullerene interfacial modifier [J]. Journal of Materials Chemistry A, 2016, 4(47): 18509-18515.

[35] Fei C, Li B, Zhang R, et al. Highly efficient and stable perovskite solar cells based on monolithically grained CH$_3$NH$_3$PbI$_3$ film [J]. Advanced Energy Materials, 2017, 7(9): 1602017.

[36] Jung K, Seo J, Lee S, et al. Solution-processed SnO$_2$ thin film for a hysteresis-free planar perovskite solar cell with a power conversion efficiency of 19.2% [J]. Journal of Materials Chemistry A, 2017, 5(47): 24790-24803.

[37] Ke W, Zhao D, Cimaroli A, et al. Effects of annealing temperature of tin oxide electron selective layers on the performance of perovskite solar cells [J]. Journal of Materials Chemistry A, 2015, 3(47): 24163-24168.

[38] Xing G, Mathews N, Sun S, et al. Long-range balanced electron-and hole-transport lengths in organic-inorganic CH$_3$NH$_3$PbI$_3$ [J]. Science, 2013, 342(6156): 344-347.

[39] Zhang T, Guo N, Li G, et al. A control lable fabrication of grain boundary PbI$_2$ nanoplates passivated lead halide perovskites for high performance solar cells [J]. Nano Energy, 2016, 26: 50-56.

[40] Liu Z, Kru-ckemeier L, Krogmeier B, et al. Open-circuit voltages exceeding 1.26 V in planar methylammonium lead iodide perovskite solar cells [J]. ACS Energy Letters, 2018, 4(1): 110-117.

[41] Han G, Koh T, Lim S, et al. Facile method to reduce surface defects and trap densities in perovskite photovoltaics [J]. ACS Applied Materials & Interfaces, 2017, 9(25): 21292-21297.

[42] Wang N, Zhao K, Ding T, et al. Improving interfacial charge recombination in planar heterojunction perovskite photovoltaics with small molecule as electron transport layer [J]. Advanced Energy Materials, 2017, 7(18): 1700522.

[43] Ke W, Stoumpos C, Logsdon J, et al. TiO₂-ZnS cascade electron transport layer for efficient formamidinium tin iodide perovskite solar cells [J]. Journal of the American Chemical Society, 2016, 138(45): 14998-15003.

[44] Leijtens T, Eperon G, Barker A, et al. Carrier trapping and recombination: the role of defect physics in enhancing the open circuit voltage of metal halide perovskite solar cells [J]. Energy & Environmental Science, 2016, 9(11): 3472-3481.

[45] Cao X, Zhi L, Jia Y, et al. Enhanced efficiency of perovskite solar cells by introducing controlled chloride incorporation into MAPbI₃ perovskite films [J]. Electrochimica Acta, 2018, 275: 1-7.

[46] Bi C, Wang Q, Shao Y, et al. Non-wetting surface-driven high-aspect-ratio crystalline grain growth for efficient hybrid perovskite solar cells [J]. Nature Communications, 2015, 6: 7747.

[47] Xiao Z, Dong Q, Bi C, et al. Solvent annealing of perovskite-induced crystal growth for photovoltaic-device efficiency enhancement [J]. Advanced Materials, 2014, 26 (37): 6503-6509.

[48] Park J, Kim J, Yun H S, et al. Controlled growth of perovskite layers with volatile alkylammonium chlorides [J]. Nature, 2023, 616(7958): 724-730.

[49] Isikgor F H, Zhumagali S T, Merino L V, et al. Molecular engineering of contact interfaces for high-performance perovskite solar cells [J]. Nature Reviews Materials, 2023, 8(2): 89-108.

[50] Ma S, Yuan G, Zhang Y, et al. Development of encapsulation strategies towards the commercialization of perovskite solar cells [J]. Energy & Environmental Science, 2022, 15(1): 13-55.

[51] Xu Z, Zhuang Q, Zhou Y, et al. Functional layers of inverted flexible perovskite solar cells and effective technologies for device commercialization [J]. Small Structures, 2023, 4(5): 2200338.

[52] Yi Z, Xiao B, Li X, et al. Novel dual-modification strategy using Ce-containing compounds toward high-performance flexible perovskite solar cells [J]. Nano Energy, 2023, 109: 108241.

[53] Yi Z, Xiao B, Li X, et al. Revealing the interfacial properties of halide ions for efficient and stable flexible perovskite solar cells [J]. Journal of Colloid and Interface Science, 2022, 628: 696-704.

[54] Wang S, Tan L, Zhou J, et al. Over 24% efficient MA-free $Cs_xFA_{1-x}PbX_3$ perovskite solar cells [J]. Joule, 2022, 6(6): 1344-1356.

[55] Li H, Zhou J, Tan L, et al. Sequential vacuum-evaporated perovskite solar cells with more than 24% efficiency [J]. Science Advances, 2022, 8(28): eabo7422.

[56] Zhang H, Ren Z, Liu K, et al. Controllable heterogenous seeding-induced crystallization for high-efficiency FAPbI₃-based perovskite solar cells over 24% [J]. Advanced Materials, 2022, 34(36): 2204366.

[57] Wang H, Yang Z, Guo W, et al. Functional molecule modified SnO₂ nanocrystal films toward efficient and moisture-stable perovskite solar cells [J]. Journal of Alloys and Compounds, 2022, 890: 161912.

[58] Ma H, Wang M, Wang Y, et al. Asymmetric organic diammonium salt buried in SnO₂ layer enables fast carrier transfer and interfacial defects passivation for efficient perovskite solar cells [J]. Chemical Engineering Journal, 2022, 442: 136291.

[59] Huang S, Li P, Wang J, et al. Modification of SnO₂ electron transport layer: brilliant strategies to make perovskite solar cells stronger [J]. Chemical Engineering Journal, 2022, 439: 135687.

[60] Wang C, Wu J, Liu X, et al. High-effective SnO₂-based perovskite solar cells by multifunctional molecular additive engineering [J]. Journal of Alloys and Compounds, 2021, 886: 161352.

[61] Xu P, He H, Ding J, et al. Simultaneous passivation of the SnO₂/perovskite interface and perovskite absorber layer in perovskite solar cells using KF surface treatment [J]. ACS Applied Energy Materials, 2021, 4(10): 10921-10930.

[62] Ming Y, Zhu Y, Chen Y, et al. β-Alanine-anchored SnO₂ inducing facet orientation for high-efficiency perovskite solar cells [J]. ACS Applied Materials & Interfaces, 2021, 13(48): 57163-57170.

[63] Xiong Z, Chen X, Zhang B, et al. Simultaneous interfacial modification and crystallization control by biguanide hydrochloride for stable perovskite solar cells with PCE of 24.4% [J]. Advanced Materials, 2022, 34(8): 2106118.

[64] Bi H, Zuo X, Liu B, et al. Multifunctional organic ammonium salt-modified SnO₂ nanoparticles toward efficient and stable planar perovskite solar cells [J]. Journal of Materials Chemistry A, 2021, 9(7): 3940-3951.

[65] Zhong Y, Li C, Xu G, et al. Collaborative strengthening by multi-functional molecule 3-thiophenboric acid for efficient and stable planar perovskite solar cells [J]. Chemical Engineering Journal, 2022, 436: 135134.

[66] Bi H, Han G, Guo M, et al. Top-contacts-interface engineering for high-performance perovskite solar cell with reducing lead leakage [J]. Solar RRL, 2022, 6(9): 2200352.

[67] Bi H, Han G, Guo M, et al. Multistrategy preparation of efficient and stable environment-friendly lead-based perovskite solar cells [J]. ACS Applied Materials & Interfaces, 2022, 14(31): 35513-35521.

[68] Bi H, Liu B, He D, et al. Interfacial defect passivation and stress release by multifunctional KPF₆ modification for planar perovskite solar cells with enhanced efficiency and stability [J]. Chemical Engineering Journal, 2021, 418: 129375.

[69] Uddin A, Upama M B, Yi H, et al. Encapsulation of organic and perovskite solar cells:

a review [J]. Coatings, 2019, 9(2): 65.

[70] Yang Z, Babu B H, Wu S, et al. Review on practical interface engineering of perovskite solar cells: from efficiency to stability [J]. Solar Rrl, 2020, 4(2): 1900257.

[71] Liu Z, Ono L K, Qi Y. Additives in metal halide perovskite films and their applications in solar cells [J]. Journal of Energy Chemistry, 2020, 46: 215-228.

[72] Liu P, Han N, Wang W, et al. High-quality Ruddlesden-Popper perovskite film formation for high-performance perovskite solar cells [J]. Advanced Materials, 2021, 33(10): 2002582..

[73] Liu K, Luo Y, Jin Y, et al. Moisture-triggered fast crystallization enables efficient and stable perovskite solar cells [J]. Nature Communications, 2022, 13(1): 4891.

[74] Zhong H, Li W, Huang Y, et al. All-inorganic perovskite solar cells with tetrabutylammonium acetate as the buffer layer between the SnO_2 electron transport film and $CsPbI_3$ [J]. ACS Applied Materials & Interfaces, 2022, 14(4): 5183-5193.

[75] Shi Z, Zhou D, Zhuang X, et al. Light management through organic bulk heterojunction and carrier interfacial engineering for perovskite solar cells with 23.5% efficiency [J]. Advanced Functional Materials, 2022, 32(35): 2203873.

[76] Bi H, Guo Y, Guo M, et al. Highly efficient and low hysteresis methylammonium-free perovskite solar cells based on multifunctional oteracil potassium interface modification [J]. Chemical Engineering Journal, 2022, 439: 135671.

[77] Zhang Z, Wang J, Lang L, et al. Size-tunable MoS_2 nanosheets for controlling the crystal morphology and residual stress in sequentially deposited perovskite solar cells with over 22.5% efficiency [J]. Journal of Materials Chemistry A, 2022, 10(7): 3605-3617.

[78] Kühne T D, Iannuzzi M, Del Ben M, et al. CP2K: An electronic structure and molecular dynamics software package-quickstep: efficient and accurate electronic structure calculations [J]. The Journal of Chemical Physics, 2020, 152: 194103.

[79] Takaluoma T T, Laasonen K, Laitinen R S. Molecular dynamics simulation of the solid-state topochemical polymerization of S_2N_2 [J]. Inorganic Chemistry, 2013, 52(8): 4648-4657.

[80] Cho S P, Lee H J, Seo Y H, et al. Multifunctional passivation agents for improving efficiency and stability of perovskite solar cells: Synergy of methyl and carbonyl groups [J]. Applied Surface Science, 2022, 575: 151740.

[81] Wang P, Liu J, Shang W, et al. Rational selection of the Lewis base molecules targeted for lead-based defects of perovskite solar cells: the synergetic co-passivation of carbonyl and carboxyl groups [J]. The Journal of Physical Chemistry Letters, 2023, 14(3): 653-662.

[82] Zhou R, Liu X, Li H, et al. Sulfonyl and carbonyl groups in MSTC effectively improve the performance and stability of perovskite solar cells [J]. Solar Rrl, 2022, 6(1): 2100731.

［83］ Deng L，Zhang Z，Gao Y，et al. Electron-deficient 4-nitrophthalonitrile passivated efficient perovskite solar cells with efficiency exceeding 22% ［J］. Sustainable Energy & Fuels，2021，5(8)：2347-2353.

［84］ Wang X，Ying Z，Zheng J，et al. Long-chain anionic surfactants enabling stable perovskite/silicon tandems with greatly suppressed stress corrosion ［J］. Nature Communications，2023，14(1)：2166.

［85］ Ju H，Ma Y，Cao Y，et al. Roles of long-chain alkylamine ligands in triple-halide perovskites for efficient NiO_x-based inverted perovskite solar cells ［J］. Solar RrL，2022，6(6)：2101082.

［86］ Liu S，Guan X，Xiao W，et al. Effective passivation with size-matched alkyldiammonium iodide for high-performance inverted perovskite solar cells ［J］. Advanced Functional Materials，2022，32(38)：2205009.

［87］ Zhu Z，Li N，Zhao D，et al. Improved efficiency and stability of Pb/Sn binary perovskite solar cells fabricated by galvanic displacement reaction ［J］. Advanced Energy Materials，2019，9(7)：1802774.

［88］ Zuo X，Kim B，Liu B，et al. Passivating buried interface via self-assembled novel sulfonium salt toward stable and efficient perovskite solar cells ［J］. Chemical Engineering Journal，2022，431：133209.

［89］ Oviedo J，Gillan M J. Energetics and structure of stoichiometric SnO_2 surfaces studied by first-principles calculations ［J］. Surface Science，2000，463(2)：93-101.

［90］ Liu B，Bi H，He D，et al. Interfacial defect passivation and stress release via multi-active-site ligand anchoring enables efficient and stable methylammonium-free perovskite solar cells ［J］. ACS Energy Letters，2021，6(7)：2526-2538.

［91］ Wang H，Zhu C，Liu L，et al. Interfacial residual stress relaxation in perovskite solar cells with improved stability ［J］. Advanced Materials，2019，31(48)：1904408.

［92］ Liu G，Zhong Y，Mao H，et al. Highly efficient and stable ZnO-based MA-free perovskite solar cells via overcoming interfacial mismatch and deprotonation reaction ［J］. Chemical Engineering Journal，2022，431：134235.

［93］ Yang N，Zhu C，Chen Y，et al. An in situ cross-linked 1D/3D perovskite heterostructure improves the stability of hybrid perovskite solar cells for over 3000 h operation ［J］. Energy & Environmental Science，2020，13(11)：4344-4352.

［94］ Bi H，Fujiwara Y，Kapil G，et al. Perovskite solar cells consisting of PTAA modified with monomolecular layer and application to all-perovskite tandem solar cells with efficiency over 25% ［J］. Advanced Functional Materials，2023，33(32)：2300089.

［95］ Wang L，Chang B，Li H，et al. ［PbX_6］$^{4-}$ modulation and organic spacer construction for stable perovskite solar cells ［J］. Energy & Environmental Science，2022，15(11)：4470-4510.

［96］ Chen J，Park N G. Causes and solutions of recombination in perovskite solar cells ［J］. Advanced Materials，2019，31(47)：1803019.

[97] Yoo J J, Seo G, Chua M R, et al. Efficient perovskite solar cells via improved carrier management [J]. Nature, 2021, 590(7847): 587-593.

[98] Cao Y, Wang N, Tian H, et al. Perovskite light-emitting diodes based on spontaneously formed submicrometre-scale structures [J]. Nature, 2018, 562(7726): 249-253.

[99] Tsai H, Liu F, Shrestha S, et al. A sensitive and robust thin-film X-ray detector using 2D layered perovskite diodes [J]. Science advances, 2020, 6(15): eaay0815.

[100] NREL. Best research cell efficiencies [Z/OL]. [2024-6-2] https://www. nrel. gov/ pv/assets/pdfs/best-research-cell-efficiencies. html.

[101] Liu P, Han N, Wang W, et al. High-quality Ruddlesden-Popper perovskite film formation for high-performance perovskite solar cells [J]. Advanced Materials, 2021, 33(10): 2002582.

[102] Gangadharan D T, Ma D. Searching for stability at lower dimensions: current trends and future prospects of layered perovskite solar cells [J]. Energy & Environmental Science, 2019, 12(10): 2860-2889.

[103] Lu D, Lv G, Xu Z, et al. Thiophene-based two-dimensional Dion-Jacobson perovskite solar cells with over 15% efficiency [J]. Journal of the American Chemical Society, 2020, 142(25): 11114-11122.

[104] Yang R, Li R, Cao Y, et al. Oriented quasi-2D perovskites for high performance optoelectronic devices [J]. Advanced Materials, 2018, 30(51): 1804771.

[105] Cheng L, Liu Z, Li S, et al. Highly thermostable and efficient formamidinium-based low-dimensional perovskite solar cells [J]. Angewandte Chemie, 2021, 133 (2): 869-877.

[106] Niu T, Ren H, Wu B, et al. Reduced-dimensional perovskite enabled by organic diamine for efficient photovoltaics [J]. The Journal of Physical Chemistry Letters, 2019, 10(10): 2349-2356.

[107] Ahmad S, Fu P, Yu S, et al. Dion-Jacobson phase 2D layered perovskites for solar cells with ultrahigh stability [J]. Joule, 2019, 3(3): 794-806.

[108] Zhao X, Liu T, Kaplan A B, et al. Accessing highly oriented two-dimensional perovskite films via solvent-vapor annealing for efficient and stable solar cells [J]. Nano Letters, 2020, 20(12): 8880-8889.

[109] Min H, Kim M, Lee S U, et al. Efficient, stable solar cells by using inherent bandgap of α-phase formamidinium lead iodide [J]. Science, 2019, 366(6466): 749-753.

[110] Lu H, Liu Y, Ahlawat P, et al. Vapor-assisted deposition of highly efficient, stable black-phase FAPbI$_3$ perovskite solar cells [J]. Science, 2020, 370(6512): eabb8985.

[111] Juarez-Perez E J, Hawash Z, Raga S R, et al. Thermal degradation of CH$_3$NH$_3$PbI$_3$ perovskite into NH$_3$ and CH$_3$I gases observed by coupled thermogravimetry-mass spectrometry analysis [J]. Energy & Environmental Science, 2016, 9(11): 3406-3410.

[112] Conings B, Drijkoningen J, Gauquelin N, et al. Intrinsic thermal instability of methylammonium lead trihalide perovskite [J]. Advanced Energy Materials, 2015, 5

(15)：1500477.

[113] Yi C, Luo J, Meloni S, et al. Entropic stabilization of mixed a-cation ABX$_3$ metal halide perovskites for high performance perovskite solar cells [J]. Energy & Environmental Science, 2016, 9(2)：656-662.

[114] Lee J W, Kim D H, Kim H S, et al. Formamidinium and cesium hybridization for photo-and moisture-stable perovskite solar cell [J]. Advanced Energy Materials, 2015, 5(20)：1501310.

[115] Chen J, Seo J Y, Park N G. Simultaneous improvement of photovoltaic performance and stability by in situ formation of 2D perovskite at (FAPbI$_3$)$_{0.88}$(CsPbBr$_3$)$_{0.12}$/CuSCN interface [J]. Advanced Energy Materials, 2018, 8(12)：1702714.

[116] Wang H, Qin Z, Xie J, et al. Efficient slantwise aligned Dion-Jacobson phase perovskite solar cells based on trans-1, 4-cyclohexanediamine [J]. Small, 2020, 16 (42)：2003098.

[117] Bai Y, Xiao S, Hu C, et al. Dimensional engineering of a graded 3D-2D halide perovskite interface enables ultrahigh V_{oc} enhanced stability in the p-i-n photovoltaics [J]. Advanced Energy Materials, 2017, 7(20)：1701038.

[118] Cho K T, Paek S, Grancini G, et al. Highly efficient perovskite solar cells with a compositionally engineered perovskite/hole transporting material interface [J]. Energy & Environmental Science, 2017, 10(2)：621-627.

[119] Zhang Y, Yang H, Chen M, et al. Fusing nanowires into thin films：fabrication of graded-heterojunction perovskite solar cells with enhanced performance [J]. Advanced Energy Materials, 2019, 9(22)：1900243.

[120] Yang M, Zhang T, Schulz P, et al. Facile fabrication of large-grain CH$_3$NH$_3$PbI$_{3-x}$Br$_x$ films for high-efficiency solar cells via CH$_3$NH$_3$Br-selective Ostwald ripening [J]. Nature Communications, 2016, 7(1)：12305.

[121] Zhang T, Long M, Yan K, et al. Crystallinity preservation and ion migration suppression through dual ion exchange strategy for stable mixed perovskite solar cells [J]. Advanced Energy Materials, 2017, 7(15)：1700118.

[122] Chen J, Zhao X, Kim S G, et al. Multifunctional chemical linker imidazoleacetic acid hydrochloride for 21% efficient and stable planar perovskite solar cells [J]. Advanced Materials, 2019, 31(39)：1902902.

[123] Kang D H, Park N G. On the current-voltage hysteresis in perovskite solar cells：dependence on perovskite composition and methods to remove hysteresis [J]. Advanced Materials, 2019, 31(34)：1805214.

[124] Noh J H, Im S H, Heo J H, et al. Chemical management for colorful, efficient, and stable inorganic-organic hybrid nanostructured solar cells [J]. Nano Letters, 2013, 13 (4)：1764-1769.

[125] Chen J, Kim S G, Ren X, et al. Effect of bidentate and tridentate additives on the photovoltaic performance and stability of perovskite solar cells [J]. Journal of

Materials Chemistry A, 2019, 7(9): 4977-4987.

[126] Bae S H, Zhao H, Hsieh Y T, et al. Printable solar cells from advanced solution-processible materials [J]. Chem, 2016, 1(2): 197-219.

[127] Kojima A, Teshima K, Shirai Y, et al. Organometal halide perovskites as visible-light sensitizers for photovoltaic cells [J]. Journal of the American Chemical Society, 2009, 131(17): 6050-6051.

[128] Wang H, Wang Y, Xuan Z, et al. Progress in perovskite solar cells towards commercialization - a review [J]. Materials, 2021, 14(21): 6569.

[129] Liu P, Han N, Wang W, et al. High-quality Ruddlesden-Popper perovskite film formation for high-performance perovskite solar cells [J]. Advanced Materials, 2021, 33(10): 2002582.

[130] Gangadharan D T, Ma D. Searching for stability at lower dimensions: current trends and future prospects of layered perovskite solar cells [J]. Energy & Environmental Science, 2019, 12(10): 2860-2889.

[131] Huang P, Kazim S, Wang M, et al. Toward phase stability: Dion-Jacobson layered perovskite for solar cells [J]. ACS Energy Letters, 2019, 4(12): 2960-2974.

[132] Lai H, Lu D, Xu Z, et al. Organic-salt-assisted crystal growth and orientation of quasi-2D Ruddlesden-Popper perovskites for solar cells with efficiency over 19% [J]. Advanced Materials, 2020, 32(33): 2001470.

[133] Cheng L, Liu Z, Li S, et al. Highly thermostable and efficient formamidinium-based low-dimensional perovskite solar cells [J]. Angewandte Chemie, 2021, 133 (2): 869-877.

[134] Lu D, Lv G, Xu Z, et al. Thiophene-based two-dimensional Dion-Jacobson perovskite solar cells with over 15% efficiency [J]. Journal of the American Chemical Society, 2020, 142(25): 11114-11122.

[135] Li F, Zhang J, Jo S B, et al. Vertical orientated Dion-Jacobson quasi-2D perovskite film with improved photovoltaic performance and stability [J]. Small Methods, 2020, 4(5): 1900831.

[136] Ahmad S, Fu P, Yu S, et al. Dion-Jacobson phase 2D layered perovskites for solar cells with ultrahigh stability [J]. Joule, 2019, 3(3): 794-806.

[137] Niu T, Ren H, Wu B, et al. Reduced-dimensional perovskite enabled by organic diamine for efficient photovoltaics [J]. The Journal of Physical Chemistry Letters, 2019, 10(10): 2349-2356.

[138] Mao L, Ke W, Pedesseau L, et al. Hybrid Dion-Jacobson 2D lead iodide perovskites [J]. Journal of the American Chemical Society, 2018, 140(10): 3775-3783.

[139] Zhao X, Liu T, Kaplan A B, et al. Accessing highly oriented two-dimensional perovskite films via solvent-vapor annealing for efficient and stable solar cells [J]. Nano Letters, 2020, 20(12): 8880-8889.

[140] Lu H, Liu Y, Ahlawat P, et al. Vapor-assisted deposition of highly efficient, stable

black-phase FAPbI$_3$ perovskite solar cells [J]. Science, 2020, 370(6512): eabb8985.

[141] Juarez-Perez E J, Hawash Z, Raga S R, et al. Thermal degradation of CH$_3$NH$_3$PbI$_3$ perovskite into NH$_3$ and CH$_3$I gases observed by coupled thermogravimetry-mass spectrometry analysis [J]. Energ. Environ. Sci., 2016, 9: 3406-3410.

[142] Conings B, Drijkoningen J, Gauquelin N, et al. Intrinsic thermal instability of methylammonium lead trihalide perovskite [J]. Advanced Energy Materials, 2015, 5 (15): 1500477.

[143] Turren-Cruz S H, Hagfeldt A, Saliba M. Methylammonium-free, high-performance, and stable perovskite solar cells on a planar architecture [J]. Science, 2018, 362 (6413): 449-453.

[144] Yi C, Luo J, Meloni S, et al. Entropic stabilization of mixed a-cation ABX$_3$ metal halide perovskites for high performance perovskite solar cells [J]. Energy & Environmental Science, 2016, 9(2): 656-662.

[145] Lee J W, Kim D H, Kim H S, et al. Formamidinium and cesium hybridization for photo-and moisture-stable perovskite solar cell [J]. Advanced Energy Materials, 2015, 5(20): 1501310.

[146] Wu G, Li X, Zhou J, et al. Fine multi-phase alignments in 2D perovskite solar cells with efficiency over 17% via slow post-annealing [J]. Advanced Materials, 2019, 31 (42): 1903889.

[147] Jang G, Ma S, Kwon H C, et al. Elucidation of the formation mechanism of highly oriented multiphase Ruddlesden-Popper perovskite solar cells [J]. ACS Energy Letters, 2020, 6(1): 249-260.

[148] Xu Z, Lu D, Liu F, et al. Phase distribution and carrier dynamics in multiple-ring aromatic spacer-based two-dimensional Ruddlesden-Popper perovskite solar cells [J]. Acs Nano, 2020, 14(4): 4871-4881.

[149] Ran C, Xu J, Gao W, et al. Defects in metal triiodide perovskite materials towards high-performance solar cells: origin, impact, characterization, and engineering [J]. Chemical Society Reviews, 2018, 47(12): 4581-4610.

[150] Yang Y, Liu C, Mahata A, et al. Universal approach toward high-efficiency two-dimensional perovskite solar cells via a vertical-rotation process [J]. Energy & Environmental Science, 2020, 13(9): 3093-3101.

[151] Lian X, Chen J, Fu R, et al. An inverted planar solar cell with 13% efficiency and a sensitive visible light detector based on orientation regulated 2D perovskites [J]. Journal of Materials Chemistry A, 2018, 6(47): 24633-24640.

[152] Zhang X, Wu G, Fu W, et al. Orientation regulation of phenylethylammonium cation based 2D perovskite solar cell with efficiency higher than 11% [J]. Advanced Energy Materials, 2018, 8(14): 1702498.

[153] Gao L, Zhang F, Xiao C, et al. Improving charge transport via intermediate-controlled crystal growth in 2D perovskite solar cells [J]. Advanced Functional

Materials，2019，29(47)：1901652.

[154] Chen J，Lee D，Park N G. Stabilizing the Ag electrode and reducing *J-V* hysteresis through suppression of iodide migration in perovskite solar cells [J]. ACS Applied Materials & Interfaces，2017，9(41)：36338-36349.

[155] Shalan A E，Akman E，Sadegh F，et al. Efficient and stable perovskite solar cells enabled by dicarboxylic acid-supported perovskite crystallization [J]. The Journal of Physical Chemistry Letters，2021，12(3)：997-1004.

[156] Hu Q，Rezaee E，Xu W，et al. Dual defect-passivation using phthalocyanine for enhanced efficiency and stability of perovskite solar cells [J]. Small，2021，17 (1)：2005216.

[157] Wei Y，Chu H，Tian Y，et al. Reverse-graded 2D Ruddlesden-Popper perovskites for efficient air-stable solar cells [J]. Advanced Energy Materials，2019，9(21)：1900612.

[158] Su P，Bi H，Ran D，et al. Multifunctional and multi-site interfacial buffer layer for efficient and stable perovskite solar cells[J]. Chemical Engineering Journal，2023，472：145077.

[159] Chen J，Kim S G，Ren X，et al. Effect of bidentate and tridentate additives on the photovoltaic performance and stability of perovskite solar cells [J]. Journal of Materials Chemistry A，2019，7(9)：4977-4987.

[160] Chen J，Park N G. Materials and methods for interface engineering toward stable and efficient perovskite solar cells [J]. ACS Energy Letters，2020，5(8)：2742-2786.

[161] Wang Q，Chen B，Liu Y，et al. Scaling behavior of moisture-induced grain degradation in polycrystalline hybrid perovskite thin films [J]. Energy & Environmental Science，2017，10(2)：516-522.

[162] Liu X，Dang R，Dong W，et al. A sandwich-like heterostructure of TiO_2 nanosheets with MIL-100 (Fe)：a platform for efficient visible-light-driven photocatalysis [J]. Applied Catalysis B：Environmental，2017，209：506-513.

[163] Jiang L，Zhu W，Wang C，et al. Preparation of hollow Ag/Pt heterostructures on TiO_2 nanowires and their catalytic properties [J]. Applied Catalysis B：Environmental，2016，180：344-350.

[164] Bavykin D V，Friedrich J M，Walsh F C. Protonated titanates and TiO_2 nanostructured materials：synthesis，properties，and applications [J]. Advanced Materials，2006，18 (21)：2807-2824.

[165] Lee J S，You K H，Park C B. Highly photoactive，low bandgap TiO_2 nanoparticles wrapped by graphene [J]. Advanced Materials (Deerfield Beach，Fla.)，2012，24(8)：1084-1088.

[166] Ting Y，Lei J，Keli H，et al. Improving the performance of quantum dot-sensitized solar cells by using TiO_2 nanosheets with exposed highly reactive facets [J]. Nanotechnology (Print)，2013，24(24).

[167] Etgar L，Gao P，Xue Z，et al. Mesoscopic $CH_3 NH_3 PbI_3 /TiO_2$ heterojunction solar

cells [J]. Journal of the American Chemical Society, 2012, 134(42): 17396-17399.

[168] Guo D, Yu J, Fan K, et al. Nanosheet-based printable perovskite solar cells [J]. Solar Energy Materials and Solar Cells, 2017, 159: 518-525.

[169] Peng J D, Lin H H, Lee C T, et al. Hierarchically assembled microspheres consisting of nanosheets of highly exposed (001)-facets TiO$_2$ for dye-sensitized solar cells [J]. RSC Advances, 2016, 6(17): 14178-14191.

[170] Bai Y, Yu H, Li Z, et al. In situ growth of a ZnO nanowire network within a TiO$_2$ nanoparticle film for enhanced dye-sensitized solar cell performance [J]. Advanced Materials (Deerfield Beach, Fla.), 2012, 24(43): 5850-5856.

[171] Suwanchawalit C, Patil A J, Kumar R K, et al. Fabrication of ice-templated macroporous TiO$_2$-chitosan scaffolds for photocatalytic applications [J]. Journal of Materials Chemistry, 2009, 19(44): 8478-8483.

[172] Sommeling P M, O'Regan B C, Haswell R R, et al. Influence of a TiCl$_4$ post-treatment on nanocrystalline TiO$_2$ films in dye-sensitized solar cells [J]. The Journal of Physical Chemistry B, 2006, 110(39): 19191-19197.

[173] Shang G, Wu J, Tang S, et al. Enhancement of photovoltaic performance of dye-sensitized solar cells by modifying tin oxide nanorods with titanium oxide layer [J]. The Journal of Physical Chemistry C, 2013, 117(9): 4345-4350.

[174] Lee M M, Teuscher J, Miyasaka T, et al. Efficient hybrid solar cells based on meso-superstructured organometal halide perovskites [J]. Science, 2012, 338 (6107): 643-647.

[175] Burschka J, Pellet N, Moon S J, et al. Sequential deposition as a route to high-performance perovskite-sensitized solar cells [J]. Nature, 2013, 499(7458): 316-319.

[176] Ito S, Liska P, Comte P, et al. Control of dark current in photoelectrochemical (TiO$_2$/I$^-$-I^{3-}) and dye-sensitized solar cells [J]. Chemical Communications, 2005 (34): 4351-4353.

[177] Prabakar K, Takahashi T, Nezuka T, et al. Visible light-active nitrogen-doped TiO$_2$ thin films prepared by DC magnetron sputtering used as a photocatalyst [J]. Renewable Energy, 2008, 33(2): 277-281.

[178] Zakrzewska K, Radecka M. TiO$_2$-based nanomaterials for gas sensing-influence of anatase and rutile contributions [J]. Nanoscale Research Letters, 2017, 12: 1-8.

[179] Im J H, Jang I H, Pellet N, et al. Growth of CH$_3$NH$_3$PbI$_3$ cuboids with controlled size for high-efficiency perovskite solar cells [J]. Nature Nanotechnology, 2014, 9(11): 927-932.